Feuerungstechnik
mit Steinkohlen Oberschlesiens

Von

Paul Fuchs

Leiter der Feuerungstechnischen Abteilung
der Interessengemeinschaft Oberschlesischer Steinkohlengruben
(Kohlen-I. Gem.) G. m. b. H., Berlin-Gleiwitz

Mit 10 Abbildungen im Text

Berlin
Verlag von Julius Springer
1938

Alle Rechte, insbesondere das der Übersetzung
in fremde Sprachen, vorbehalten.

ISBN-13: 978-3-642-89723-8   e-ISBN-13: 978-3-642-91580-2
DOI: 10.1007/978-3-642-91580-2

Copyright 1938 by Julius Springer in Berlin.

Vorwort als Einleitung.

Die nachfolgenden Ausführungen geben Erfahrungen der Verwendung von Steinkohlen Oberschlesiens wieder und sind einem Bedürfnis entsprungen, welches aus den Kreisen der Benutzer immer und immer wieder laut wurde. Danach sollte eine Darstellung gegeben werden, aus welcher die Beziehungen zwischen Steinkohleneinkauf und gedachtem Verwendungszweck erkennbar werden und letzten Endes die begleitende Tätigkeit des Wärmeingenieurs bei kaufmännischen Verhandlungen umfassen. Im Laufe langer Zeiten hat sich hier ein Erfahrungsschatz angehäuft, der in einzelnen Nachfragen sehr oft benutzt werden konnte, in geschlossener Darstellung aber trotz Nachfrage nicht vorlag. Sowohl Industrielle als auch Techniker, denen Wärmewirtschaft anvertraut ist, können davon Gebrauch machen, handelt es sich doch nicht um theoretische Erörterungen, sondern um Bedürfnisse des praktischen Feuerungsbetriebes unter Verwendung der Steinkohlen Oberschlesiens. Überflüssige Zahlenwerte oder Zeichnungen, die jeder Technikerkalender ohnehin aufzeigt, wurden vermieden und so Wiederholungen im Sinne abschriftstellerischer Tätigkeit unterbunden.

Aus der Feuerungspraxis und für die rechte Anwendung der Steinkohlen Oberschlesiens: das ist der gewollte und hoffentlich auch erreichte Zweck dieses Büchleins.

Berlin, im Februar 1938.

Paul Fuchs.

Inhaltsverzeichnis.

Seite

1. Die Steinkohlen Oberschlesiens, physikalisch und chemisch betrachtet 1
2. Die Steinkohlen Oberschlesiens und ihr Verhalten während der Verbrennung 7
3. Luftmengen und Gasmengen bei der vollkommenen Verbrennung der Steinkohlen Oberschlesiens sowie deren Gas-Wärmeninhalt 10
4. Unvollkommene Verbrennung der Steinkohlen Oberschlesiens 16
5. Die mineralischen Rückstände der Steinkohlen Oberschlesiens, ihr Verhalten im Feuer und die Erweichungs- oder Schmelzpunkte derselben 18
6. Feuerfeste Steine und Schlackenangriffe aus Rückständen von Steinkohlen Oberschlesiens 27
7. Rostverschleiß und seine Ursachen bei Benutzung von Steinkohlen Oberschlesiens 31
8. Der Betrieb von Feuerungen mit Handbeschickung bei Benutzung von Steinkohlen Oberschlesiens 37
9. Der Betrieb von Feuerungen mit mechanischer Beschickung bei Benutzung von Steinkohlen Oberschlesiens 41
10. Der Betrieb rostloser Feuerungen bei Verwendung von Steinkohlen Oberschlesiens 45
11. Der Betrieb von Gasgeneratoren bei Benutzung von Steinkohlen Oberschlesiens 47
12. Lagerung von Steinkohlen Oberschlesiens 53

Tabellen-Anhang 57

Sachverzeichnis 67

Verzeichnis der Formeln.

(1) $$Hw_u = \frac{RHw_u\,[100-(Rck+H_2O)]}{100} - 6\,H_2O.$$ S. 4.

(2) $$L_k = \frac{11{,}46\,C + 34{,}48\left(H-\frac{O}{8}\right)}{100}.$$ S. 11.

(3) $$L_v = \frac{8{,}88\,C + 26{,}72\left(H-\frac{O}{8}\right)}{100}.$$ S. 11.

(4) $$Vg_k = \frac{12{,}46\,C + 35{,}48\left(H-\frac{O}{8}\right)}{100} + \frac{H_2O + N_2 + \frac{9}{8}O_2}{100}.$$ S. 11.

(5) $$Vg_v = \frac{8{,}88\,C + 32{,}33\left(H-\frac{O}{8}\right)}{100} + \frac{1{,}243\,H_2O + 0{,}797\,N_2 + 1{,}430\,\frac{9}{8}O_2}{100}.$$ S. 12.

(6) $$L_k = \frac{2{,}46\,CO + 34{,}48\,H_2 + 17{,}23\,CH_4 + 14{,}78\,C_2H_4}{100}.$$ S. 13.

(7) $$L_v = \frac{1{,}91\,CO + 26{,}72\,H_2 + 13{,}35\,CH_4 + 11{,}45\,C_2H_4}{100}.$$ S. 13.

(8) $$L_{k_{m^3}} = \frac{3{,}08\,CO + 3{,}07\,H_2 + 12{,}32\,CH_4 + 18{,}49\,C_2H_4}{100}.$$ S. 13.

(9) $$L_{v_{m^3}} = \frac{2{,}39\,CO + 2{,}38\,H_2 + 9{,}55\,CH_4 + 14{,}44\,C_2H_4}{100}.$$ S. 13.

(10) $$Vg_k = \frac{3{,}46\,CO + 35{,}48\,H_2 + 18{,}23\,CH_4 + 15{,}78\,C_2H_4 + CO_2 + N_2}{100}.$$ S. 13.

(11) $$Vg_v = \frac{2{,}31\,CO + 32{,}33\,H_2 + 14{,}75\,CH_4 + 12{,}25\,C_2H_4 + 0{,}508\,CO_2 + 0{,}797\,N_2}{100}.$$ S. 13.

VI Verzeichnis der Formeln.

(12) $Vg_{k_{m^3}} = \dfrac{4{,}33\,CO + 3{,}16\,H_2 + 13{,}03\,CH_4 + 23{,}23\,C_2H_4 + 1{,}966\,CO_2 + 1{,}255\,N_2}{100}$.

S. 13.

(13) $Vg_{v_{m^3}} = \dfrac{2{,}89\,CO + 2{,}88\,H_2 + 10{,}55\,CH_4 + 15{,}47\,C_2H_4 + CO_2 + N_2}{100}$.

S. 13.

(14) $L\ddot{u} = \dfrac{21}{21 - Vg\,O_2}$.

S. 14.

(15) $L\ddot{u} = \dfrac{CO_2 h}{Vg\,CO_2}$.

S. 14.

(16) Unterer Heizwert $= \dfrac{8080\,C + 28766\left(H - \dfrac{O}{8}\right) + 2230\,S - 600\,H_2O}{100}$.

S. 16.

(17) Unterer Heizwert $= \dfrac{2442\,CO + 28766\,H_2 + 11983\,CH_4 + 11364\,C_2H_4}{100}$.

S. 16.

(18) Unterer Heizwert $= \dfrac{3055\,CO + 2561\,H_2 + 8577\,CH_4 + 14216\,C_2H_4}{100}$.

S. 16.

(19) $K_v = \dfrac{(CO + CO_2 + CH_4 + 2\,C_2H_4) \cdot 0{,}536}{100}$.

S. 17.

(20) $K_k = \dfrac{0{,}428\,CO + 0{,}272\,CO_2 + 0{,}748\,CH_4 + 0{,}857\,C_2H_2}{100}$.

S. 17.

(21) $v_u = \dfrac{3055 \cdot C \cdot CO}{0{,}536\,(CO_2 + CO) \cdot 100}$.

S. 17.

(22) $\dfrac{v_u}{Hw_u} : 100 = \dfrac{3055 \cdot C \cdot CO}{0{,}536\,(CO_2 + CO) \cdot Hw_u}$.

S. 17.

(23) $V_R = \dfrac{Rkg \cdot Hw_R}{B \cdot Hw_B}$.

S. 18.

1. Die Steinkohlen Oberschlesiens, physikalisch und chemisch betrachtet.

Zur Kennzeichnung von Steinkohlen benutzt man durchweg die Koksbeschaffenheit sowie den Heizwert und die Zusammensetzung des in den flüchtigen Anteilen verbleibenden Steinkohlenanteils. Von diesem Schema ausgehend, müssen die Steinkohlen Oberschlesiens in großen Zügen den Gruppen der Sinter- und Gasflammkohlen zugerechnet werden. Während die Sinterkohlen einen lose zusammenhängenden oder gesinterten Koks bei teerarmer Gasausbeute hinterlassen, besitzen die Gasflammkohlen einen schwach gebackenen Koks bei teereichem Gas. Übergänge sind vorhanden, so daß die Sinterkohlengruppe in Steinkohlen mit pulvriger Koksausbeute und die Gasflammgruppe in solche mit fest gebackenem Koks bei schwachem Blähvermögen auftreten. Der größte Anteil jedoch ist den beiden eingangs genannten Gruppen zuzurechnen.

Zur Mitteilung der Ziffernanhalte über physikalische und chemische Werte der oberschlesischen Steinkohlen übergehend, interessiert zuerst die Korngröße der im Handel befindlichen Sorten, weil damit Kohlenpreise und Heizwerte eine Abgrenzung erfahren. Zur Zeit liegen folgende Verhältnisse vor:

Stückkohlen	größer als von	120—150 mm ab	
Würfel- und Würfel I-Kohlen	von 150 mm	bis zu	70 mm
Würfel II-Kohlen	„ 100 mm	„	„ 70 mm
Nuß Ia-Kohlen	„ 80 mm	„	„ 35 mm
Nuß Ib-Kohlen	„ 40 mm	„	„ 25 mm
Nuß II-Kohlen	„ 35 mm	„	„ 25 mm
Erbs I-Kohlen	„ 25 mm	„	„ 15 mm
Erbs II-Kohlen	„ 25 mm	„	„ 10 mm
Grieß I-Kohlen	„ 15 mm	„	„ 10 mm
Grieß II-Kohlen	„ 10 mm	„	„ 3 mm
Staub I-Kohlen	„ 10 mm	„	„ 0 mm
Staub II-Kohlen	„ 5 mm	„	„ 0 mm
Feinstaubkohlen	„ 0,5 mm	„	„ 0 mm
Kleinkohlen	„ 80 mm	„	„ 0 mm
Mischrätterkleinkohlen	„ 40 mm	„	„ 0 mm

2 Die Steinkohlen Oberschlesiens, physikalisch und chemisch betrachtet.

Das sind, woran nochmals erinnert sei, Grenzwerte zwischen Höchst- und Niedrigstmaß, wobei vorhandene Unterschiede innerhalb der einzelnen Steinkohlengruben von Fall zu Fall durch Korngrößenlisten festgestellt werden müssen. Auch wird unterschieden zwischen naß oder trocken gewaschenen Steinkohlen (Windsichtung) und Steinkohlen schlechthin, die über Tage in ihren groben Sorten einem Ausklaubeprozeß unterworfen werden. Ein Beispiel soll die Korngrößenunterschiede bei verschiedenen Gruben kenntlich machen.

Korngrößen in mm.

Grubenname	Abwehr	Castellengo	Concordia	Gleiwitzer Grube	Hedwigswunsch	Heinitz	Hohenzollern	Johanna usw.
Würfel und Würfel I . .	120/90	120/90	150/70	120/70	120/70	130/100	130/100	130/90
Nuß Ia gewaschen .	—	—	—	70/40	—	—	—	—
ungewaschen	70/40	70/40 70/35	—	—	70/40	70/40	80/55 55/35	—

Dieser kurze Auszug läßt die Mannigfaltigkeit in der Größenanordnung des Korns erkennen.

Für Transportzwecke ist die Kenntnis der Schüttgewichte von Bedeutung, weshalb hier entsprechende Angaben folgen; dabei ist unter Schüttgewicht die gewichtsmäßig ermittelte Steinkohlenmenge, welche lose geschüttet in einen Raum von 1 m³ Inhalt geht, verstanden.

Normal grubenfeuchte Steinkohlen haben dann beim

Sortiment ein Schüttgewicht von ungefähr
Stück, größer als 130 mm . . . . 606 kg
Würfel I, 90—130 mm . . . . 695 kg
Würfel II, 70— 90 mm . . . . 690 kg
Nuß Ia, 40— 70 mm . . . . 712 kg
Nuß Ib, 25— 40 mm . . . . 726 kg
Nuß II, 25— 35 mm . . . . 720 kg
Erbs I, 15— 25 mm . . . . 716 kg
Erbs II, 10— 25 mm . . . . 708 kg
Grieß I, 10— 15 mm . . . . 720 kg
Grieß II, 3— 10 mm . . . . 745 kg
Staub I, 0— 10 mm . . . . 787 kg
Staub II, 0— 3 mm . . . . 703 kg

Die Steinkohlen Oberschlesiens, physikalisch und chemisch betrachtet. 3

Bei den luftgewaschenen Marken, welche asche- und wasserärmer sind, ergeben sich im Mittel folgende Schüttgewichte:

Nuß Ia,	40 —70 mm	. . . .	700 kg
Nuß Ib,	15 —40 mm	. . . .	690 kg
Erbs I,	15 —25 mm	. . . .	698 kg
Grieß I,	10 —15 mm	. . . .	695 kg
Grieß II,	3 —10 mm	. . . .	678 kg
Staub,	0,5—10 mm	. . . .	690 kg

Will man weiter den Heizwert, die chemische Zusammensetzung und den Zusammenhang zwischen Koks als festen Anteil und Gasen sowie Dämpfen als flüchtigen Anteil nebst zugehörigen Heizwerten mitteilen, so stößt man auf Schwierigkeiten. Streng genommen können solche Zahlenwerte nur Bezug haben auf das zur Untersuchung benutzte Steinkohlenprobegut; stellt dieses ein Durchschnittsmuster in fehlerfreier Beschaffenheit dar, so gehören die ermittelten Werte trotzdem nur einer Lieferung an, also einer außerordentlich kleinen Menge vom gesamt geförderten Steinkohlenquantum. Für ein Steinkohlenrevier immer sichere Werte enthaltende Tabellen anzulegen ist deshalb nicht möglich, es sei denn, die mitgeteilten Zahlen streuen erheblich um einen Mittelwert oder aber man registriert lediglich laufend gemessene Daten. Unter Beachtung dieser Verhältnisse wirkt es immer erheiternd, wenn bei irgendeiner Werturteilsbildung über diese oder jene Steinkohlensorte ein Analysentabellenwert gegebenenfalls von jahrelangem Alter hervorgesucht und benutzt wird.

Trotzdem besteht die Tatsache, daß Steinkohlenzusammensetzungen *eines* Flözzuges erstaunlich gleichmäßig verlaufen, und daß man deshalb im großen und ganzen auch berechtigt ist, ein Gruppenmittel zu bilden und zu benutzen. Dabei muß man sich aber von den fortlaufend wechselnden, vorher nicht übersehbaren Beiwerten aus dem Wasser- und Aschegehalt der Steinkohlen frei machen und lediglich die wasser- und aschefreie Steinkohle als sog. Reinkohle benutzen. Hat man im Schnellverfahren an einlaufenden Steinkohlen Wasser und Asche bestimmt, so gelingt es mit betrieblich genügender Sicherheit aus dem bekannten unteren Reinkohlenheizwert auf den unteren Heizwert der soeben angelieferten Steinkohlen zu schließen. Eine Bedingung ist dabei aber einzuhalten; die Reinkohlenheizwertangabe muß sich auf ein und dieselbe Kohlensorte beziehen. Bei den Steinkohlen Oberschlesiens schwankt dieser Wert von etwa 7600 kcal bis zu 8200 kcal,

4 Die Steinkohlen Oberschlesiens, physikalisch und chemisch betrachtet.

gerechnet als unterer Reinkohlenheizwert, d. h. die wasser- und aschefreien Sinter- bis Gasflammkohlen Oberschlesiens liegen im unteren Heizwert zwischen diesen Reinkohlenziffern.

Bezeichnet man den unteren Reinkohlenheizwert mit RHw_u, den unteren Heizwert derselben Kohlensorte mit Hw_u, die mineralischen Rückstände mit Rck, den Wassergehalt mit H_2O, so hat man näherungsweise

(1) $$Hw_u = \frac{RHw_u \, [100-(Rck+H_2O)]}{100} - 6\,H_2O.$$

Grubennamen sind aber nur geographische Begriffe, sie schließen eindeutig umrissene, physikalische Größen völlig aus. Aus der Grubenbezeichnung allein auf den Heizwert schließen zu wollen, ist deshalb nicht angängig; ein Beispiel soll das näher aufzeigen. Eine Steinkohlengrube war innerhalb eines Jahres in nachfolgenden Flözreihen y mit den Anteilen z an der Gesamtförderung beteiligt:

Flözreihe	Wassergehalt	Rückstände	Flüchtige Bestandteile ohne Wasser	Oberer Heizwert	Unterer Heizwert	Unterer Reinkohlen-Heizwert	Förderanteil z
y	%	%	%	kcal	kcal	kcal	%
1	3,7	5,0	31,8	7385	7125	7810	6,8
2	3,6	5,2	31,7	7365	7100	7800	39,2
3	3,7	5,6	31,9	7295	7035	7760	5,7
4	4,3	6,1	32,2	7220	6960	7780	30,8
5	3,5	3,4	32,8	7630	7365	7920	0,6
6	3,2	3,4	35,4	7660	7380	7910	1,2
7	3,9	4,1	33,0	7440	7170	7800	8,4
8	4,0	3,4	32,0	7360	7070	7650	7,3
Geometrisches Mittel	3,8	4,4	32,5	7410	7140	7790	100,0

Diese aus tatsächlichen Verhältnissen entnommene Übersicht macht die Schwankungen in den einzelnen Werten und die Streuungen um das Mittel kenntlich. So pendelt der Aschengehalt von 3,4 auf 6,1 %, der Anteil an flüchtigen Substanzen von 31,7 auf 35,4 %, der untere Reinkohlenheizwert von 7650 auf 7920 kcal. Man erkennt auch, daß alle Mittel abhängig sind vom Förderanteil z der einzelnen Flözreihen y, die niemand im voraus kennt. Hiermit sind auch die Grenzen gegeben, um die Wertziffern von Steinkohlen gleicher Grubenbezeichnung schwanken; sie lassen auch die Möglichkeit von Mängelrügen erkennen. Im

Die Steinkohlen Oberschlesiens, physikalisch und chemisch betrachtet. 5

Heizwert z. B. betragen die natürlich bedingten Unterschiede (7380—6960) = 420 kcal; dieser tritt dann in Erscheinung, wenn aus irgendwelchen betrieblich bedingten Zuständen heute allein aus Flöz 6, morgen allein aus Flöz 4 verladen wird. Tatsächlich kommen solche Extremwerte aber äußerst selten vor, sie sind dennoch technisch möglich und mußten deshalb hier aufgezeigt werden.

Das, was über Tage verladen wird, unterliegt einem Klaube- oder auch Waschprozeß, wird veredelt und von Ballaststoffen befreit, weshalb auch Asche-, Wasser- und Heizwerte günstigere Werte aufzeigen können als Schlitzprobenwerte. Die folgende Zahlenzusammenstellung zeigt diese Verhältnisse bei der gleichen Grubenförderung und ist geordnet nach den Korngrößen der einzelnen Sorten.

Sorten	Stück Würfel I	Würfel II Nuß Ia	Nuß Ib Nuß II	Erbs	Grieß I Grieß II	Staub I	Staub II
Wasser	3,2	3,2	3,4	3,4	3,4	3,4	3,8%
Rückstände. . . .	3,4	3,8	4,3	5,4	7,1	8,4	8,9%
Flüchtige Bestandteile ohne Wasser	33,5	33,4	32,8	32,0	32,0	31,6	30,9%
Oberer Heizwert .	7520	7520	7440	7370	7190	7070	6960 kcal
Unterer Heizwert .	7240	7240	7160	7100	6920	6810	6700 kcal

Alle den Heizwert betreffenden Zahlen sind auf 10 kcal abgerundet, weil es keinen Sinn hat, kleinere Einheiten zu wählen, was sowohl durch die Fehlergrenze der Messungen, als auch durch die Streuung der Heizwerte in den Steinkohlen bedingt wird; dabei sind 10 kcal schon als geschätzter Wert anzusehen. In großen Umrissen sind so die physikalischen Kennziffern der Steinkohlen Oberschlesiens beschrieben.

Nach der chemischen Seite hin betrachtet, können hier ebenfalls nur Mittelwerte wie vorher genannt werden. Wiederum auf den Reinkohlenzustand, bedingt durch Freiheit von Wasser- und Rückstandballast bezogen, erhält man als Grenzwerte für

den Kohlenstoff . . etwa 80—84% C
„ Wasserstoff . . „ 4,9— 5,2% H
„ Sauerstoff . . . „ 8—12% O
„ Stickstoff . . . „ 1,3— 1,7%N.

Besonders zu erwähnen ist noch der Schwefelgehalt, der feuerungstechnisch eine gewisse Rolle spielt. Ob dabei der Schwefel als

6 Die Steinkohlen Oberschlesiens, physikalisch und chemisch betrachtet.

Schwefelkies FeS, als Gips $CaSO_4$ oder aber als organischer Schwefel, an Kohlenwasserstoffe gelagert, vorhanden ist, bleibt gleichgültig. Hier wird nur unterschieden in flüchtigen Schwefel, der mit den Verbrennungsgasen der Feuerungen abzieht und Schwefel, der an die mineralischen Bestandteile der Steinkohlen gebunden bleibt und verschlackend wirkt. Nennt man den flüchtigen Anteil an Schwefel verbrennlichen Schwefel und liegen Bestimmungen über den gesamten Schwefelgehalt der Steinkohlen vor, so ist die Differenz beider Werte gleich dem Anteil der an die Kohlenaschen gebundenen Schwefelmenge. Für die Steinkohlen Oberschlesiens stellen sich die Mittelwerte für Brennstoffe mit durchschnittlich 3,5% Wassergehalt an Schwefel wie folgt:

Verbrennlicher Schwefel . . . etwa 0,63%
Gesamtschwefelgehalt . . . . ,,   0,98%,

so daß mit 0,35% an Aschen gebundenen Schwefel durchschnittlich zu rechnen ist. Damit sind die Kennziffern der Steinkohlen Oberschlesiens, welche Wichtigkeit besitzen, umschrieben; daß hier Tabellen aller Sorten und Grubenherkommen nicht gegeben werden, ist aus dem Mitgeteilten selbstverständlich.

Früher wurde erwähnt, daß die Einordnung der festen und flüchtigen Bestandteile der Steinkohlen sowohl nach den Mengen als auch nach ihren Heizwerten Richtlinien abgeben können, welche im Zusammenhang mit Eigenschaften im Feuerungsbetrieb stehen. Man erweitert deshalb vorteilhaft die üblichen analytischen Daten bei Steinkohlenuntersuchungen nach beistehendem Schema: Zur Beurteilung liegen beispielsweise drei Steinkohlensorten vor, die auf wasserfreien Zustand gebracht, ergaben (s. Tabelle).

Nr.	Aschengehalt %	Flüchtige Bestandteile %	Feste Bestandteile %	Unterer Heizwert der Steinkohlen kcal
1	7,3	33,0	67,0	7000
2	2,2	33,4	66,6	7580
3	3,4	35,4	64,6	7560

Die festen Bestandteile bestehen nur aus Kohlenstoff mit 8080 kcal Heizwert; eine Minderung in der Heizwertzahl tritt jedoch um den Betrag des Aschengehalts ein. Rechnet man diesen Wert aus, so ergibt die Differenz Steinkohlenheizwert minus Koksheizwert den Heizwert für die flüchtigen Bestandteile, zeigt damit auch den mehr oder weniger großen Teergehalt und damit die zugehörige Langflammigkeit der flüchtigen Teile an.

Steinkohlen Oberschlesiens und ihr Verhalten während der Verbrennung. 7

Die Rechnung ergibt hier bei Steinkohle

Nr.	Heizwert der festen Anteile		Unterer Heizwert der flüchtigen Anteile		Unterer Kohlenheizwert	
	kcal	%	kcal	%	kcal	%
1	5090	73	1910	27	7000	100
2	5090	67	2490	33	7580	100
3	4960	65	2400	35	7560	100

Man geht sicher, wenn aus diesen Angaben Schlüsse derart gezogen werden, daß die Kohlensorte Nr. 3 langflammiger ist als Nr. 1; anders gesehen ist Nr. 1 etwa den Gassinterkohlen, Nr. 3 den Gasflammkohlen zuzurechnen. Es ist noch zu erwähnen, daß die Steinkohlenanalysendaten nicht auf Reinkohlen, sondern nur auf trockene, wasserfreie Kohlen bezogen sind. Damit erhält man völlig gleiche Bedingungen wie solche im Feuerungsbetrieb vorliegen, so daß aus der Analysenarbeit auf das Betriebsergebnis im voraus sicher geschlossen werden kann.

2. Die Steinkohlen Oberschlesiens und ihr Verhalten während der Verbrennung.

Über das Verhalten der Steinkohlen Oberschlesiens während der Verbrennung muß man volle Klarheit haben, um regelnd eingreifen zu können. Deshalb soll einleitend der Verbrennungsvorgang in seinem Ablauf ausführlich dargelegt werden. Hierbei kommt es nicht darauf an, Verbrennungsgleichungen aufzustellen oder Gleichgewichtsbedingungen zu finden und zu erläutern, sondern die Frage ist einfach, mit welchen Mitteln und unter welchen Umständen gelingt es, einen fortlaufenden Verbrennungszustand in irgendeiner Feuerung zu erreichen und zu erhalten. Wie schon früher erwähnt, hat man es durchschnittlich mit einem nicht backenden, teils leicht blähenden, teils zusammensinternden Brennstoff zu tun, der beim Erhitzen und darauffolgendem Verbrennen in durchschnittlich 33% gasförmigen und 67% festen Anteil zerfällt. Die Austreibung der flüchtigen, gasartigen Anteile geht schnell vor sich, die Entgasung erfolgt schon sehr lebhaft bei Temperaturen oberhalb 250° C. Da der verbleibende feste Anteil, der Koks, wesentlich geringere Abbrenngeschwindigkeit besitzt als der Gasanteil, müssen Feuerungen jeder Art gewisse

8 Steinkohlen Oberschlesiens und ihr Verhalten während der Verbrennung.

Einrichtungen zur richtigen Regelung des Verbrennungsluftbedarfs besitzen. Beträgt z. B. bei einer gewöhnlichen von Hand bedienten Planrostfeuerung die Zeit zwischen zwei Kohlenbewürfen 5 min, so ist während des Verlaufs der ersten 2 min alles an flüchtigen Anteilen ausgetrieben und man verbraucht etwa die Hälfte der Verbrennungsluft, die zur Erzielung der Verbrennung der gesamt aufgegebenen Brennstoffmenge nötig ist. Die verbleibende Hälfte an Luft wird dann innerhalb der folgenden 3 min verbraucht. Bei dieser Verteilung der Luft gelingt es immer, die Gasanteile der Steinkohlen Oberschlesiens restlos und ohne Rauchentwicklung zu verbrennen, falls nicht durch zu gering temperierte Feuerräume ein Ausscheiden von flockigem Ruß auftritt. Der verbleibende Koks ist schwach oder auch gar nicht gebläht, besitzt aber wegen seines großen Porenraumes leichten Zugang für die Verbrennungsluft, so daß auch die Umsetzung des Kokses in Wärme leicht erfolgt. Bei den reinen Sinterkohlen jedoch muß man, soweit kleine Körnungen verfeuert werden, also etwa in Grieß I 10/15 mm Körnung, zu verhüten suchen, daß große Schütthöhen entstehen, weil ein sehr dichtes Lagern dann der Verbrennungsluft den Zutritt erschwert und die Feuerleistungen schnell fallen. Sind Feuerungseinrichtungen vorhanden, die selbsttätig ein fortlaufendes Verbrennen ermöglichen, so ist meist diese Art von Luftverteilung durchzuführen unnötig, weil die dauernd zuströmende Verbrennungsluft sowieso in regelbaren Anteilen zum Gas und zum Koks tritt. Alle Steinkohlen besitzen unverbrennliche Anteile, welche als Aschen oder Rückstände in den chemischen Analysen ziffernmäßig enthalten sind. Im Feuerungsbetrieb versteht man unter Asche einen losen, gesinterten Mineralanteil der Steinkohlen, während geschmolzene Rückstandmassen, durch hohe Temperaturen hervorgerufen, als Schlacke bezeichnet werden. Schlacken sind für die Betriebsführung einer Feuerung von größerer Bedeutung als die Aschen, die niemals Schwierigkeiten verursachen. Es sei deshalb hier auf die später erfolgende Betrachtung über das Verhalten der Rückstände im Feuerungsbetrieb verwiesen (S. 18f.). Das Verhalten der Steinkohlen Oberschlesiens während ihrer Verbrennung und geordnet nach ihren Korngrößen ist sehr unterschiedlich und hängt von gewissen Bedingungen der Feuerungseinrichtungen ab. Allgemein ist nur ein Unterschied vorhanden, der allen Kohlensorten, so also auch den aus Oberschlesien stammenden, eigen ist:

Steinkohlen Oberschlesiens und ihr Verhalten während der Verbrennung. 9

das ist die Leitfähigkeit für Wärme in Abhängigkeit von der Größe des Kohlenkorns. Ein Würfelkohlenstück mit 10 cm Durchmesser gebraucht an Zeit zum völligen Durchwärmen auf einem Planrost beispielsweise 6 min, während für ein Erbskohlenstück von 2 cm Durchmesser unter gleichen Verhältnissen 2 min ausreichen. Für den Feuerungsbetrieb bedeutet dieser Unterschied, daß einmal im kurzen Zeitraum aller Gasanteil aus der Steinkohle in Erbskörnung verschwindet, während im anderen Fall dieser Vorgang bei Verwendung von Würfelkohlenkörnungen dreimal längere Zeit erforderlich macht. Diese Unterschiede in den Brenngeschwindigkeiten sind vorhanden trotz gleicher Zusammensetzung der Steinkohlen und nur abhängig von der Korngröße. Wegen der Schnelligkeit des Gasaustreibens liegt die Gefahr einer unvollkommenen Verbrennung bei der kleinen Sorte vor, es kann zur Rauchbildung und zur Rußentwicklung kommen. Bei der Würfelkohlensorte ist diese Wahrscheinlichkeit nicht gegeben, weil mehr Zeit zur guten Durchmischung von Gas- und Verbrennungsluft zur Verfügung steht und der Abbrand auf einen dreimal so langen Zeitraum verteilt ist. Wie schon erwähnt, ist dieses Verhalten im Feuer mit Bezug auf die Korngrößen allen Steinkohlen eigen, gleich, woher sie stammen. Wesentlich andere Bedingungen liegen jedoch bei Betrachtung des Verhaltens in der Wärme vor, also beim eigentlichen Verbrennungsprozeß. Für die Korngrößenauswahl entsteht hierbei ein besonderes Erfordernis aus dem mehr oder weniger großen Blähvermögen und der Neigung, unter Umständen zu backen, stückig zu werden. Ein aus der Erfahrung entlehntes Beispiel soll das näher erläutern.

Auf einem Wanderrost wird mit einer Beanspruchung von 130 kg Kohlen je Stundenquadratmeter Rostfläche eine blähende Kohle mit durchschnittlich 15 mm Korngröße verbrannt; im Feuer zeigt dieser Brennstoff zudem ein nennenswertes Backvermögen. Nach kurzem Verweilen auf dem Rost, etwa nach der Entgasung, findet man dann eine grobstückige Steinkohlensorte vor, die nicht mehr 15 mm, sondern etwa 50 bis 100 mm Körnung aufzeigt. Diese aus dem Bläh- und Backvermögen entstandene neue Körnung setzt wegen ihrer lockeren Lagerung der zuströmenden Verbrennungsluft keinen zusätzlichen Widerstand entgegen, es ist deshalb die obengenannte Verbrennungsleistung auf dem Wanderrost leicht und sicher zu erreichen. Die Sinter- und Gasflammkohlen Oberschlesiens besitzen solche Eigentümlichkeiten nicht, jedenfalls nur im geringen Ausmaß, was schon beim Anfang dieser Betrachtung erwähnt wurde. Wollte man im hier erwähnten Fall mit Steinkohlen Oberschlesiens der gleich großen Korngröße arbeiten, so wird man kaum die gleiche Feuerleistung erreichen, es sei denn, daß stärkerer Zug zur Verfügung steht, was für die meisten Anlagen nicht zutrifft. Das aus Sinter- und Gasflammkohlen bestehende Brennstoffbett ist nur schwach gebläht oder auch nur zusammengesintert und setzt deshalb der Verbrennungsluft einen ungleich größeren Zugwiderstand entgegen als eine stark blähende und backende Steinkohle aus dem Beispiel. Zum Ausgleich dieses Zustandes, der unbefriedigend ist, muß dann eine gröbere Korngröße benutzt werden, um die notwendige Feuerungsleistung zu erhalten. Mit der Erkenntnis dieser physikalischen Zustandsbedingungen bei Sinter- und Gasflammkohlen während ihrer Verbrennung gelingt es leicht, für jede Feuerungsart, für jeden Zugunterschied, für jede Feuerleistung auch die passende Korngröße auszuwählen; man muß nur immer den schwach geblähten oder auch nur sinternden Zustand, die leichte Gasabgabe und ihre Gasmenge, sowie den verbleibenden porigen Koks im Gedächtnis behalten. Dabei darf nicht übersehen werden, daß die Zündfähigkeit oder Brenngeschwindigkeit einzelner Sorten derselben Steinkohle von ihrer Oberflächengröße abhängt. Je gröber das Korn, um so kleiner die Oberfläche, welche dem Luftsauerstoff zur Einleitung von Verbrennungserscheinungen zur Verfügung steht, weshalb auch fein zerstäubte Steinkohle sich fast wie ein Gas im Verbrennungsprozeß verhält. Damit sind aber die allgemeinen Eigenschaften von Steinkohlen Oberschlesiens beim Verbrennen genügend gekennzeichnet.

3. Luftmengen und Gasmengen bei der vollkommenen Verbrennung der Steinkohlen Oberschlesiens sowie deren Gas-Wärmeinhalt.

Um stöchiometrische Rechnungen zur Ermittlung von Wärmebilanzen durchführen zu können, müssen physikalische und chemische Konstanten der Stoffe bekannt sein, die für die direkte Verbrennung der Steinkohlen Oberschlesiens und der aus diesen hergestellten Gassorten in Frage kommen. Als solche sind zu nennen Kohlenstoff C, Wasserstoff H_2, Sauerstoff O_2, Stickstoff N_2, Kohlen-

Vollkommene Verbrennung der Steinkohlen Oberschlesiens.

oxyd CO, Kohlendioxyd CO_2, Wasserdampf H_2O, Methan CH_4, Äthylen C_2H_4 und schließlich die atmosphärische Luft, mit deren Sauerstoff die Verbrennungsprozesse durchgeführt werden. Schwefelwasserstoff, Phosphorwasserstoff, Schwefeldioxyd, Benzoldämpfe u. a. m. blieben ihrer geringen Mengen wegen unbeachtet. Die wichtigsten Kenngrößen für diese Stoffe enthalten die Tabellen 1 und 2. Bei der ziffernmäßigen Ermittlung der nötigen Luftmengen und der entstehenden Gasmengen wird hier von der atmosphärischen Luft als Sauerstoffträger ausgegangen und dabei in kg-Werte und m^3-Werte unterschieden; weder der Sauerstoff als solcher noch das Mol spielen für die Folge eine Rolle, vielmehr wurden Luft, kg und m^3 allein benützt.

In den folgenden Formeln sind nachstehende Bezeichnungen verwendet:

L_k Luftgewicht zur Verbrennung in kg für 1 kg Steinkohle oder auch Steinkohlengas,
L_v Luftmenge zur Verbrennung in m^3 für 1 kg Steinkohle oder auch Steinkohlengas,
Vg_k Verbrennungsgasgewicht in kg für 1 kg Steinkohle oder auch Steinkohlengas,
Vg_v Verbrennungsgasmenge in m^3 für 1 kg Steinkohle oder auch Steinkohlengas,
$L_{k m^3}$ Luftgewicht zur Verbrennung in kg für 1 m^3 Steinkohlengas,
$L_{v m^3}$ Luftmenge zur Verbrennung in m^3 für 1 m^3 Steinkohlengas,
$Vg_{k m^3}$ Verbrennungsgasgewicht in kg für 1 m^3 Steinkohlengas,
$Vg_{v m^3}$ Verbrennungsgasmenge in m^3 für 1 m^3 Steinkohlengas.

In Anlehnung an die Werte der Tabellen 1 und 2 sind zur direkten Verbrennung von 1 kg Steinkohlen Oberschlesiens, deren chemische Zusammensetzung bekannt ist, nachfolgende Mengen an atmosphärischer Luft in kg L_k und in m^3 L_v nötig:

(2) $$L_k = \frac{11{,}46\,C + 34{,}48\left(H - \frac{O}{8}\right)}{100}.$$

(3) $$L_v = \frac{8{,}88\,C + 26{,}72\left(H - \frac{O}{8}\right)}{100}.$$

Bei dieser Verbrennung entstehen dann Verbrennungsgase in kg Vg_k oder in m^3 Vg_v

(4) $$Vg_k = \frac{12{,}46\,C + 35{,}48\left(H - \frac{O}{8}\right)}{100} + \frac{H_2O + N_2 + \frac{9}{8}O_2}{100}.$$

12 Vollkommene Verbrennung der Steinkohlen Oberschlesiens.

(5) $$Vg_v = \frac{8{,}88\,C + 32{,}33\left(H - \frac{O}{8}\right)}{100} + \frac{1{,}243\,H_2O + 0{,}797\,N_2 + 1{,}430\,\frac{9}{8}\,O_2}{100}.$$

Für die Formeln (2) und (3) sind den Tabellen 3 und 4 Werte zu entnehmen, welche die Steinkohlen Oberschlesiens in ihrer Zusammensetzung umfassen. Ebenso sind entsprechend den Formeln (4) und (5) die Tabellen 5, 6, 7 und 8 gerechnet worden, welche die Verbrennungsgasmengen nicht nur ihrer Menge, sondern auch ihrer Zusammensetzung nach enthalten. Ein Beispiel soll die Anwendung erläutern.

Zur Verbrennung gelangt eine Steinkohle Oberschlesiens folgender Zusammensetzung:

Kohlenstoff C 76,4
Wasserstoff H_2 . . . . . 4,5 $\left(H - \frac{O}{8}\right) = (4{,}5 - 1{,}1) = 3{,}4$
Schwefel S, verbrennlich . 0,5
Wasser H_2O 4,0
Rückstände 5,1
Sauerstoff O_2 8,5
Stickstoff N_2 1,0

Nach der Tabelle 3 und 4 erhält man für

L_k und für L_v

C . . . . 8,76 kg   6,78 m³
$\left(H - \frac{O}{8}\right)$ . . . . . 1,17 kg   0,90 m³

Zusammen . . . . 9,93 kg   7,68 m³

Nach den Tabellen 5—8 erhält man weiter für

	Vg_k				Vg_v			
	CO_2	H_2O	N_2	Zusammen	CO_2	H_2O	N_2	Zusammen
C	2,80	—	6,72	9,52 kg	1,42	—	5,35	6,77 m³
$H - \frac{O}{8}$.	—	0,31	0,91	1,22 kg	—	0,38	0,72	1,10 m³
H_2O . . .	—	0,04	—	0,04 kg	—	0,04	—	0,04 m³
N_2 . . .	—	—	0,01	0,01 kg	—	—	0,01	0,01 m³
Zusammen				10,79 kg				7,92 m³

Diese Mitteilungen bezogen sich auf feste Brennstoffe aus dem oberschlesischen Revier; für gasförmige Brennstoffe, z. B. aus

Generatorgas oder Leuchtgas bestehend, erhält man nach dem gleichem Schema folgende Ansätze:

(6) $$L_k = \frac{2{,}46\,CO + 34{,}48\,H_2 + 17{,}23\,CH_4 + 14{,}78\,C_2H_4}{100}.$$

(7) $$L_v = \frac{1{,}91\,CO + 26{,}72\,H_2 + 13{,}35\,CH_4 + 11{,}45\,C_2H_4}{100}.$$

Hierbei wird vorausgesetzt, daß die Gaszusammensetzung ebenso wie die der festen Steinkohlen in Gewichtsprozent vorliegt, was aber erst durch Rechnung ermittelt werden muß, weil ja Gasanalysen immer volumprozentige Angaben enthalten.

Für diesen Fall der raumprozentigen Analysenangabe erhält man dann

(8) $$L_{k_{m^3}} = \frac{3{,}08\,CO + 3{,}07\,H_2 + 12{,}32\,CH_4 + 18{,}49\,C_2H_4}{100}.$$

und

(9) $$L_{v_{m^3}} = \frac{2{,}39\,CO + 2{,}38\,H_2 + 9{,}55\,CH_4 + 14{,}44\,C_2H_4}{100}.$$

Die Gasmengen, welche durch Verbrennung entstehen, sind dann im gleichen Sinn für

(10) $$Vg_k = \frac{3{,}46\,CO + 35{,}48\,H_2 + 18{,}23\,CH_4 + 15{,}78\,C_2H_4 + CO_2 + N_2}{100}.$$

und für

(11) $$Vg_v = \frac{2{,}31\,CO + 32{,}33\,H_2 + 14{,}75\,CH_4 + 12{,}25\,C_2H_4 + 0{,}508\,CO_2 + 0{,}797\,N_2}{100}.$$

Auch hier liegt die gewichtsprozentige Angabe der Gasanalyse zugrunde wie in den Formeln (6) und (7). Ähnlich den Formeln (8) und (9) erhält man die Verbrennungsgasmenge auf Grund der in Volumprozenten angegebenen Gasnalyse für

(12) $$Vg_{k_{m^3}} = \frac{4{,}33\,CO + 3{,}16\,H_2 + 13{,}03\,CH_4 + 23{,}23\,C_2H_4 + 1{,}966\,CO_2 + 1{,}255\,N_2}{100}.$$

und für

(13) $$Vg_{v_{m^3}} = \frac{2{,}89\,CO + 2{,}88\,H_2 + 10{,}55\,CH_4 + 15{,}47\,C_2H_4 + CO_2 + N_2}{100}.$$

Alle bisher mitgeteilten Luft- und Verbrennungsgasmengen-Berechnungen für feste und gasförmige Brennstoffe beziehen sich auf Verbrennungsvorgänge mit den theoretisch notwendigen Luftmengen; dieser Zustand jedoch liegt praktisch niemals vor und der mehr oder weniger große Anteil an zusätzlicher Luft, der Luftüberschuß, muß mit in Rechnung gezogen werden. Ist noch freier

Sauerstoff in den Verbrennungsgasen vorhanden, so ist auch damit die Menge der vorhandenen überschüssigen Luft erfaßbar. Kennt man den CO_2-Gehalt, der sich beim Verbrennen mit der theoretisch notwendigen Luftmenge ergibt, so hat man mit diesem Höchstwert und mit den durch Gasanalysen gefundenen Werten an CO_2 in den Verbrennungsgasen ebenso einen Anhalt für die mehr als theoretisch notwendige Luftmenge. Beide Ansätze lassen sich zusammenfassen nach folgendem Formelschema:

Der Luftüberschuß in Verbrennungsgasen $Lü$ ist auf Grund des Sauerstoffgehalts derselben

$$(14) \qquad Lü = \frac{21}{21 - VgO_2}.$$

und auf Grund des CO_2-Gehalts, wenn CO_2h der Höchstgehalt an CO_2 in den Verbrennungsgasen mit theoretisch nötigen Luftmengen bedeutet

$$(15) \qquad Lü = \frac{CO_2h}{VgCO_2}.$$

Nimmt man Formel (14) her, so erhielte man bei 7% Sauerstoff in den Verbrennungsgasen einen Luftüberschuß von 1,5mal mehr als theoretisch notwendig ist. Nach dem Beispiel auf S. 12 über die Verbrennungsgasmengen Vg_v würde der Höchstgehalt an CO_2 für die dort bekanntgegebene Zusammensetzung der Steinkohle Oberschlesiens 17,9% betragen. Hätte man 12,0% CO_2 in den Verbrennungsgasen ermittelt, so betrüge $Lü$ 17,9/12,0 = 1,5mal wie im vorbenannten Beispiel. Mit diesen Begriffen ausgerüstet, ist man nunmehr in die Lage gesetzt, alle Luft- und Verbrennungsgasmengen, die im praktischen Feuerungsbetrieb nötig sind und anfallen, zu errechnen. Am vorerwähnten Beispiel sei erweiternd hinzugefügt ein gemessener Sauerstoffgehalt bei der sonst restlosen Verbrennung von 6,3 Vol.-% in den Verbrennungsgasen. Nach Formel (14) wären demnach 1,43mal mehr Luft als erforderlich verbraucht. Die wirklichen Luft- und entstandenen Verbrennungsgasmengen, z. B. in kg berechnet, betragen dann:

$L_k = 9,94$

$Lü = 1,43 = \frac{(9,94 \cdot 1,43)}{100} = (14,21 - 9,94) = 4,27$ kg

überschüssige Luft bestehend aus

$(4,27 \cdot 0,232) = 0,99$ kg Sauerstoff und
$(4,27 \cdot 0,768) = \underline{3,28 \text{ kg}}$ Stickstoff,
zusammen 4,27 kg Luft überschüssig.

Vollkommene Verbrennung der Steinkohlen Oberschlesiens. 15

Bringt man diese Menge zu der L_k Menge von 9,94 kg, so hat man für die wirklich anfallende Verbrennungsgasmenge:

oder

		CO_2	H_2O	O_2	N_2
C	kg	2,80	—	—	6,72
$H - \dfrac{O}{8}$	kg	—	0,31	—	0,90
H_2O . .	kg	—	0,04	—	—
N_2 . . .	kg	—	—	—	0,01
Überschuß Luft		—	—	0,99	3,28
Zusammen	kg	2,80	0,35	0,99	10,91

$$\begin{aligned}
2,80 \text{ kg} &= 18,5 \text{ Gew.-\% } CO_2\\
0,35 \text{ kg} &= 2,3 \text{ Gew.-\% } H_2O\\
0,99 \text{ kg} &= 6,6 \text{ Gew.-\% } O_2\\
10,91 \text{ kg} &= 72,6 \text{ Gew.-\% } N_2
\end{aligned}$$

Zusammen 15,05 kg = 100,0 Gew.-%

Neben der Kenntnis der zur Verbrennung notwendigen Luftmengen und der hierbei entstehenden Gasmengen ist auch der Wärmeinhalt derselben festzustellen, um Wärmebilanzen rechnen zu können. Gasmenge und Gaszusammensetzung, Temperatur und spezifische Wärme derselben geben dann den Wärmeinhalt. Nachdem die wichtigsten Ermittlungen der Feuerungstechnik auf Feststellungen von Gewichtsmengen beruhen = Kohlenverbrauch in t, Verdampfungsziffer in kg, Wärmepreis in kcal/RM., Tonnendampfpreis in RM. usw., sind hier auch die Wärmeinhalte auf Gewichtsmengen Gas, nicht auf Raummengen, bezogen worden. Dann kommt für die eigene Wärme der Gase, die spezifische Wärme bei konstantem Druck c_p, und zwar als mittlere spezifische Wärme zwischen Temperaturen von 0° ab bis zur jeweilig gemessenen Temperatur, in Betracht. Die Tabelle 9 enthält entsprechende Werte, welche auf Grund folgender Ansätze berechnet wurde: Für molekulare Mengen ist die spezifische Wärme bei konstantem Druck $[\mu c_p]_0^t =$

$$\begin{aligned}
H_2,\ O_2,\ CO,\ N_2 &\ldots 6,8 + 0,0006\ t\\
H_2O &\ldots 7,9 + 0,00215\ t\\
CO_2 &\ldots 8,7 + 0,0026\ t\\
CH_4 &\ldots 7,7 + 0,008\ t\\
C_2H_4 &\ldots 9,4 + 0,011\ t
\end{aligned}$$

16 Unvollkommene Verbrennung der Steinkohlen Oberschlesiens.

Nimmt man das Beispiel der gewichtsprozentigen Gaszusammensetzung von S. 15 und ist ferner die Temperatur des Gases 600° C, so beträgt die spezifische Wärme an Hand der Zahlenwerte aus Tabelle 9

$$\begin{aligned}
\text{für } CO_2 &\quad 0{,}2332 \cdot 18{,}5\% = 4{,}2142 \\
\text{für } H_2O &\quad 0{,}5106 \cdot 2{,}3\% = 1{,}1744 \\
\text{für } O_2 &\quad 0{,}2237 \cdot 6{,}6\% = 1{,}4764 \\
\text{für } N_2 &\quad 0{,}2557 \cdot 72{,}6\% = 18{,}5638 \\
\end{aligned}$$

$$\text{im geometrischen Mittel} \cdot \cdot \quad \frac{25{,}4288}{100} = 0{,}2543.$$

Der Wärmeinhalt des Verbrennungsgases aus 1 kg Steinkohlen ist dann 15,05 kg · (600 · 0,2543) = 2296 kcal. Ähnlich wie hier Wärmeinhalte berechnet, kann näherungsweise auch der Heizwert von festen und gasförmigen Körpern ermittelt werden, z. B. für Steinkohlen Oberschlesiens auf Grund der chemischen Analyse derselben nach dem Ansatz

$$(16) \quad \text{Unterer Heizwert} = \frac{8080\,C + 28766\left(H - \frac{O}{8}\right) + 2230\,S - 600\,H_2O}{100}.$$

Für Generatorgase, wenn die Analyse gewichtsprozentige Angaben enthält nach dem Ansatz

$$(17) \quad \text{Unterer Heizwert} = \frac{2442\,CO + 28766\,H_2 + 11983\,CH_4 + 11364\,C_2H_4}{100}$$

oder wenn Raumprozente der Zusammensetzung vorliegen

$$(18) \quad \text{Unterer Heizwert} = \frac{3055\,CO + 2561\,H_2 + 8577\,CH_4 + 14216\,C_2H_4}{100}.$$

4. Unvollkommene Verbrennung der Steinkohlen Oberschlesiens.

Gassinter und Gasflammkohlen mit ihrem hohen Gehalt an flüchtigen Stoffen, die schon bei verhältnismäßig niederen Temperaturen in größeren Mengen den festen Steinkohlenkörper verlassen, neigen mehr zur unvollkommenen Verbrennung als beispielsweise Fett- oder Eßkohlen. Es wird hierzu auf die eingangs gegebene Darstellung des notwendigen Gleichgewichts zwischen austretender Gasmenge und zuströmender Luftmenge verwiesen. Eine brauchbare Bestimmung des Zustandes der unvollkommenen Verbrennung zu geben ist außerordentlich schwierig. Neben den normalen Trägern der Verbrennungsgase Kohlendioxyd, Sauer-

Unvollkommene Verbrennung der Steinkohlen Oberschlesiens. 17

stoff und Kohlenoxyd, welche sicher bestimmt werden können, sind auch Entgasungsprodukte vorhanden, wie etwa Methan, Äthylen; schließlich enthält das Verbrennungsgas noch mehr oder weniger große Mengen von Flugruß und Teernebel, die ja beide an den Schornsteinmündungen auch ohne Untersuchung ihre unerwünschte Anwesenheit verraten. In den Gasen Kohlenoxyd, Kohlendioxyd und Methan beträgt die Kohlenstoffmenge je 1 m³ nach Tabelle 2 0,536 kg, während Äthylen die doppelte Menge = 1,072 kg enthält. Verdoppelt man deshalb eine gefundene Äthylenmenge, so kann man mit dem Wert 0,536 kg allgemein rechnen. Dann ist die Kohlenstoffmenge K_v in kg je 1 m³ Gas

$$(19) \quad K_v = \frac{(CO + CO_2 + CH_4 + 2\,C_2H_4) \cdot 0{,}536}{100}.$$

Formt man die Gasmenge in gewichtsprozentiger Anordnung um, so erhält man den Kohlenstoffgehalt je kg Gas in kg zu

$$(20) \quad K_k = \frac{0{,}428\,CO + 0{,}272\,CO_2 + 0{,}748\,CH_4 + 0{,}857\,C_2H_2}{100}.$$

Vergleicht man die Kohlenstoffmenge des zur Verbrennung aufgegebenen Brennstoffes mit der im Gas nach Formel (19/20) errechneten, so erhält man einen Wert, der zur Verlustberechnung durch unvollkommene Verbrennung benutzt werden kann, weil er Gasmengen ergibt, die mit ihren Heizwerten versehen, direkt den Verlust angeben. Läßt man die Entgasungsprodukte fort und umschreibt man die Größe des Verlustes durch unvollkommene Verbrennung in Abhängigkeit vom Kohlenoxydgehalt der Verbrennungsgase volumprozentig gemessen, so erhält man den Verlust v_u kcal je 1 kg Brennstoff zu

$$(21) \quad v_u = \frac{3055 \cdot C \cdot CO}{0{,}536\,(CO_2 + CO) \cdot 100}.$$

Setzt man den Verlust durch unvollkommene Verbrennung v_u in Beziehung zum unteren Heizwert der verfeuerten Steinkohle, so hat man

$$(22) \quad \frac{v_u}{Hw_u} \cdot 100 = \frac{3055 \cdot C \cdot CO}{0{,}536\,(CO_2 + CO) \cdot Hw_u}.$$

Bei einer schlechten Verfeuerung von Steinkohlen Oberschlesiens mit 75% C Gehalt bei Einsatz unvollkommener Verbrennung wurden bei etwa 7000 kcal unterem Heizwert in den Abgasen

11,8% CO_2, 1,7% CO, 4,8% O_2

ermittelt. Der Verlust in kcal nach (21) beträgt dann etwa 537 kcal je 1 kg verfeuerte Kohle (7,7% vom Heizwert) oder nach Formel (22) = 7,7% vom Kohlenheizwert. Zu den Erscheinungen der unvollkommenen Verbrennung gehören auch noch die Verluste durch noch brennbare Kohlen- oder Koksanteile in den Rückständen; diese Größe soll hier mit V_R bezeichnet werden; ferner bedeuten

Rkg die Rückstandmenge in kg des Betriebes,
Hw_R der Heizwert derselben,
B die Brennstoffmenge in kg, aus welchen *Rkg* stammt,
Hw_B der zugehörige untere Heizwert; damit ist

(23) $$V_R = \frac{Rkg \cdot Hw_R}{B \cdot Hw_B}.$$

Da die brennbare Menge in den Rückständen aus einem Gemisch von abgeschwelter Steinkohle und zum Teil verbrannten Kokses besteht, genügt es, mit den Rückständen eine Veraschung im wasserfreien Zustand vorzunehmen und den Verlust — Glühverlust — als Kohlenstoff mit 8080 kcal Heizwert einzusetzen. Beobachtet wurden z. B.

Rkg 432 kg,
Hw_R Glühverlust = 38,3% etwa 3100 kcal,
B 4650 kg,
Hw_B 6950 kcal; dann beträgt
V_R 3,4% vom Steinkohlenheizwert.

5. Die mineralischen Rückstände der Steinkohlen Oberschlesiens, ihr Verhalten im Feuer und die Erweichungs- oder Schmelzpunkte derselben.

Die Rückstände in den Steinkohlen Oberschlesiens haben zweierlei Herkunft: einmal sind sie in der Steinkohlenmasse selbst vorhanden und bilden mit dieser ein untrennbares Ganzes, sodann können sie als Beilage in Form von Tonschiefern, von Bergen, auftreten und sind der Separation über Tage entgangen. Während Grobkohlen praktisch bergefrei sind, häufen sich diese mit der Abnahme der Korngrößen in den ungewaschenen Sorten an. Nimmt man beispielsweise eine Staubkohle 0/10 mm Körnung, so hat man durchschnittlich im lufttrockenen Zustand mit rund 4% Wasser im Anteil

0/10 mm Körnung etwa 9% Asche
0/3 mm ,, ,, 16% ,,
0/1 mm ,, ,, 25% ,,

Die mineralischen Rückstände der Steinkohlen Oberschlesiens. 19

welche zum größten Teil mechanisch beiliegt und auch durch Lösungsmittel vom Kohlenkorn trennbar ist. Berge sind feuerungstechnisch gesehen nicht betriebserschwerend, sie glühen aus und verkitten die Rückstände auf dem Rost nicht zu plattenförmigen

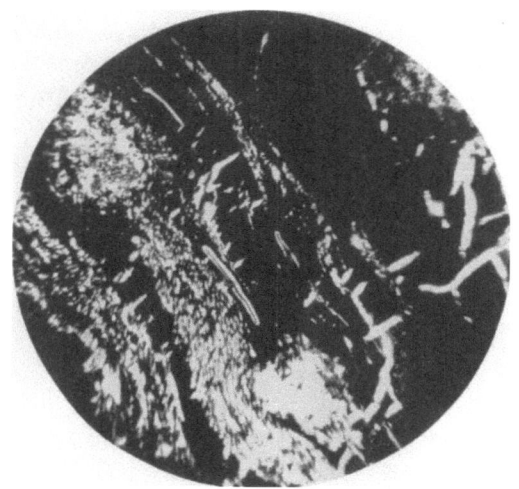

Abb. 1.

Körpern, sind demnach praktisch verschlackungsfrei. Ihre Durchschnittszusammensetzung, aus vielen Einzeluntersuchungen gebildet, ist so:

Kieselsäure	etwa 57%	SiO_2
Tonerde	,, 26%	Al_2O_3
Eisen und Titanoxyd	,, 6%	$Fe_2O_3 + Ti_2O_3$
Kalziumoxyd	,, 4%	CaO
Magnesiumoxyd	,, 3%	MgO
Rest als Kalium-, Natrium- und Phosphorverbindungen	,, 4%	

Anderes Verhalten zeigen die in den Steinkohlen vorhandenen Mineralkörper, deren Gehalt an reduzierbaren Metallen, wie z. B. Eisen, wesentlich größer ist und im Verein mit Kieselsäure und Kalk Gläser abgeben, die verschlackend wirken können. Die Abb. 1 zeigt einen Kohlendünnschliff im polarisierten Licht zwischen gekreuzten Nicols mit 22,5maliger Vergrößerung. In der schwarzen Steinkohlenmasse befinden sich Mineraleinlagen, meist Mischungen von Kalk- und Eisenspaten. Beim Verbrennen solcher Steinkohlenanteile kann im kleinen ein Hochofenprozeß stattfinden, der reines, reduziertes Eisen ergibt. Im Feuerungsbetrieb verläuft dieser Vorgang aber meist so, daß sich fließende Gläser bilden, also Verschlackung einsetzt, und das Eisen usw. den Glas- oder Schlackenfluß färbend beeinflußt. Die Abb. 2 ist unter den gleichen optischen Verhältnissen wie in Abb. 1 aufgenommen; sie zeigt die Bildung fließender Schlacken aus der schwarzen, verkokten

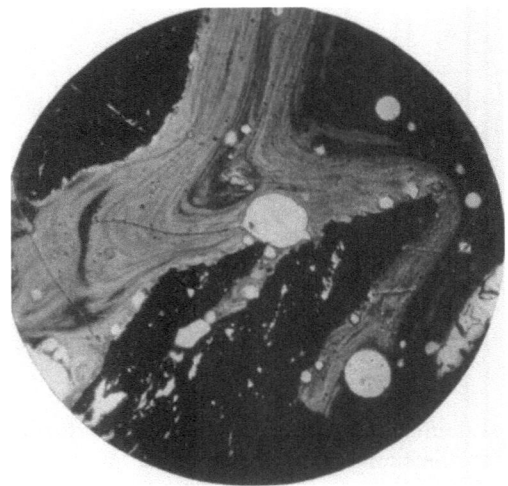

Abb. 2.

Steinkohle besonders gut. Soviel über das Herkommen der mineralischen Rückstände in den Steinkohlen Oberschlesiens.

Ihr Verhalten im Feuer bedingt den mehr oder minder gut verlaufenden Wärmeentbindungsprozeß, weshalb hierauf besonders eingegangen werden soll. Bleiben die Rückstände während der Verbrennung „trocken", d. h. ungeschmolzen, so stören sie niemals. Ist ihre Menge so groß geworden, daß sie der Verbrennungsluft merklich Widerstand entgegensetzen, so werden sie entfernt und der Verbrennungsvorgang geht im gewünschten Ausmaß weiter. Schmelzen die Rückstände aber, bilden sie Schlacken und Gläser, die im Feuer klebende Eigenschaften besitzen, so stören sie die Verbrennung und riegeln nach einer gewissen Zeit die zuströmende

Verbrennungsluft ab, womit die Feuerführung erlischt. Da setzt nun der Begriff Aschenschmelzpunkt, richtiger Aschenerweichungspunkt, ein, welcher diese Zustandsbedingungen messend festhalten und kenntlich machen soll. Der Aschenerweichungs- oder Schmelzpunkt wird oftmals neben dem Heizwert und der chemischen Zusammensetzung einer Steinkohle zur Beurteilung ihrer Betriebsverwendbarkeit in Feuerungsanlagen herangezogen. Dabei wird stillschweigend vorausgesetzt, daß diese Kennziffer eine fest bestimmte, gemessene Größe ist, die, an anderen Orten ermittelt, den gleichen Meßwert ergibt. Tatsächlich ist auch bei einer genügend gleichmäßig durchmischten Aschenprobe und bei Benutzung gleicher, äußerer Bedingungen unter Verwendung einwandfreier Temperaturmesser ein Ergebnis erreichbar, dessen Streuung gering ist und das nur durch die unvermeidlichen Beobachtungsfehler beeinflußt wird. Es gelingt auch bei völlig gleichmäßigen und übersichtlichen Bedingungen im Feuerungsbetrieb gewisse Beziehungen zu erhalten zwischen der Höhe des Aschenerweichungspunkts und dem Wirkungsgrad des Wärmeumsatzes, soweit dieser abhängig ist vom Verhalten der Aschen im Brennstoffbett während der Verbrennung. Diese Zustandsbedingungen sind aber nicht allgemeiner und auf jeden vorkommenden Fall anwendbarer Natur, sondern betreffen immer eine Besonderheit, welche solange ihren Zusammenhang behält, als alle Verhältnisse gleichwertig verbleiben. Bei der Nichtbeachtung dieses Erfahrungssatzes werden immer Fehlschlüsse begangen, besonders dann, wenn z. B. ein Brennstoff im voraus von seiner Verwendung ausgeschlossen verbleibt, weil die Höhe des Aschenerweichungspunktes als nicht ausreichend angesehen wird. So wird oft angegeben, daß der Aschenerweichungspunkt in ursächlichem Zusammenhang mit der Verschlackungsmöglichkeit dieser oder jener Steinkohle steht. Welche einzelnen Vorgänge bei den Schmelzvorgängen an Steinkohlenaschen auftreten, soll nunmehr nachfolgend aufgezeigt werden. Über die wahre Natur und über die Menge der in den Steinkohlen vorhandenen Aschenbestandteile ist nichts bekannt. Die Aschenermittlung erfolgt unter Zuhilfenahme höherer Temperatur, in welche die brennbaren Anteile der Steinkohlen über Kohlendioxyd- und Wasserbildung in Wärme umgesetzt werden und der nicht umsetzbare Rest anorganischer Art als Aschenanteil übrig bleibt. Durch diese Herstellung der Steinkohlenaschen in hohen Temperaturen werden nicht nur mengenmäßig

Verflüchtigungen von mehr oder minder hohem Betrag erreicht, auch eine chemische Einwirkung aus dem vorhandenen Brennstoff setzt ein, welche die ursprüngliche Zusammensetzung ändert. Es ist notwendig, sich immer bewußt zu bleiben, daß alle Untersuchungen an Kohlenaschen in durch Wärmeeinwirkung umgeformten Zustand erfolgen. Aus den vielen bekannt gewordenen Analysen ist zu folgern, daß die Steinkohlenaschen als Grundkörper ein Dreistoffgemisch Kalk-Tonerde-Kieselsäure besitzen, welchem in wechselnden Mengen Eisen-, Mangan-, Titan- und Magnesiumoxyd beigemengt sind; Kalium-, Natrium- und Phosphorverbindungen sind unter Umständen ebenfalls vertreten. Unbekannt verbleibt die molekulare Anordnung dieser Steinkohlenaschenbestandteile und eine Erkenntnis, wie sie z. B. für die keramischen Werkstoffe vorliegt, fehlt. Im allgemeinen kann gesagt werden, daß kieselsaure Verbindungen mit Tonerde, Eisenoxyd, Kalk, Magnesia, Kalium, Natrium, schwefelsaure Verbindungen mit Kalk und Eisenoxyd, kohlensaure Verbindungen mit Kalk und Magnesia, schließlich Phosphorverbindungen mit Kalk und Eisenoxyd sicher nachgewiesen wurden. Bauschanalysen z. B. für oberschlesische Steinkohlenaschen als Mittel vieler Einzeluntersuchungen sagen aus einen Gehalt an

Kieselsäure	von etwa	41 %	SiO_2
Tonerde	,, ,,	22 %	Al_2O_3
Eisen- und Titanoxyd	,, ,,	16 %	$Fe_2O_3 + Ti_2O_3$
Kalziumoxyd	,, ,,	12 %	CaO
Magnesiumoxyd	,, ,,	6 %	MgO
Rest als Kalium-, Natrium- und Phosphorverbindungen	,, ,,	3 %	

Ob man den Dreistoffkörper Kalk-Tonerde-Kieselsäure als kalkigen Schieferton oder Tonkalksandstein oder Tonmergel ansieht, ist gleichgültig; es ist aber empfehlenswert, diesen in Anlehnung an keramische Begriffe als porösen Scherben aufzufassen, auf welchen Schmelzflüsse, ähnlich den Glasuren, während der Verbrennung wirken und so die wechselnde Beschaffenheit der Aschen des Feuerungsbetriebes hervorrufen. Soweit über die Zusammensetzung. Über die Temperatureinflüsse liegen folgende Feststellungen vor.

Es ist schon erwähnt, daß die Steinkohlenaschen dann Gewichtsverminderungen, Verflüchtigungen erleiden, wenn sie hohen Temperaturen ausgesetzt sind. Stellt man die sicher nachgewiesenen

Die mineralischen Rückstände der Steinkohlen Oberschlesiens.   23

mineralischen Begleiter von oberschlesischen Steinkohlen des Dreistoffkörpers Kalk-Tonerde-Kieselsäure in ihrem Verhalten bei hohen Temperaturen zusammen, so erhält man nachfolgende Daten:

Kalkspat . . . $CaCO_3$ zerfällt in CaO und CO_2 mit 44% Gew.-Verlust
Magnesit . . . $MgCO_3$,, ,, MgO ,, CO_2 ,, 52% ,,
Eisenspat . . . $FeCO_3$,, ,, FeO ,, CO_2 ,, 38% ,,
2 $FeCO_3$,, ,, Fe_2O_3 ,, CO_2 ,, 31% ,,
Kalziumsulfat . $CaSO_4$,, ,, CaO ,, CO_2 ,, 59% ,,
$CaSO_4$,, ,, CaS ,, O_2 ,, 47% ,,
Eisenoxyd . . . Fe_2O_3 ,, ,, 2 FeO ,, O_2 ,, 10% ,,
Schwefeleisen . FeS_2 ,, ,, FeO ,, S ,, 40% ,,
FeS_2 ,, ,, FeS ,, S ,, 27% ,,
FeS_2 ,, ,, FeO ,, F_2O_3 ,, 33% ,,

Die Glühverluste sind hier Höchstwerte, die in solchem Ausmaß schon deshalb bei den Steinkohlenaschen nicht auftreten, weil der mengenmäßige Anteil ja nur einen Bruchteil vom Dreistoffkörper Kalk-Tonerde-Kieselsäure ausmacht. Wie hoch sich der wirkliche Glühverlust, die Verflüchtigungsmenge bei Steinkohlenaschen infolge Temperatureinwirkung geltend macht, wird weiter unten gezeigt; zugleich soll auch dabei der Einfluß des Brennstoffs, hier immer glühender Koks, von dem vorher die Rede war, nachgewiesen werden. Schließlich darf man nicht vergessen, daß die Steinkohlenaschen eines Feuerungsbetriebes immer in Gegenwart von freiem Kohlenstoff entstehen, während die Erweichungspunktermittlungen im Laboratorium meist an der kohlenstofffreien, reinen Asche erfolgen.

Zum Beispiel wurden festgestellt:

Zusammensetzung	Aschenprobe Nr.							
	1	2	3	4	5	6	7	8
Asche	100	100	70	70	100	100	70	70%
Kohlenstoff	—	—	30	30	—	—	30	30%
Summe	100	100	100	100	100	100	100	100%
Einwirkungstemperatur .	1300	1600	1300	1600	1300	1500	1300	1500° C
Gesamtgewichtsverlust .	—	—	36,73	37,72	—	—	35,73	38,14 Gew..%
Aschengewichtsverlust .	10,95	11,85	9,66	11,02	9,78	10,50	9,50	10,91

Der Gewichtsverlust durch Temperatureinwirkung ist demnach erheblich; er ist größer bei der kohlenstofffreien Asche und geringer bei der kohlenstoffhaltenden, was durch Einwirkungen auf die

Steinkohlenaschen durch den Kohlenstoff selbst zurückzuführen ist. Die Zumischung von 30% aschefreien Kohlenstoffs zur Steinkohlenasche der Proben 3, 4, 7 und 8 ergab an sich hohe Verflüchtigungsmengen, weil ja der Hauptanteil der Beimengung, 30% Kohlenstoff, in CO_2 und H_2O beim Verbrennungsprozeß überführt wurde; auf die wirklich vorhandene Steinkohlenaschenmenge ist dann umgerechnet worden. In bekannter Weise wurden dann mit den gleichen Steinkohlenaschen Schmelzerscheinungen nach ihrem Temperaturverlauf festgestellt. Gewöhnlich erfolgen diese Bestimmungen in Gegenwart freien Sauerstoffs aus der Luft, in der oxydierenden Atmosphäre der Feuerungstechnik. Dieser Zustand ist für die Steinkohlenaschenentbindung beim praktischen Verbrennen jedoch höchst selten anzutreffen. Vielmehr sind Reduktionsstoffe, wie Kohlenstoff, Kohlenoxyd, Kohlenwasserstoffe als Entgasungskörper fast immer gegenwärtig. Da ihre Einwirkung auf die Zusammensetzung der Steinkohlenaschen erkannt ist, liegt der Schluß nahe, daß auch die Schmelzerscheinungen Abhängigkeiten vom Vorhandensein oxydierender oder reduzierender Atmosphären besitzen. Es wurden deshalb neben der bekannten Schmelzpunktsermittlung in Luft auch solche in reduzierender Umwelt vorgenommen, bei welchen man durch gleichzeitiges Verbrennen von Paraffin eine stark kohlenstoffhaltige Atmosphäre im Versuchsofen erzeugte.

So wurden ermittelt:

Atmosphäre	Aschenprobe				
	1	1	5	5	3
	°C				
Oxydierend	—				—
Reduzierend	—				—
Erstes Fließen	1335	1245	1210	1205	1325
Absplittern kleiner Teilchen	1405	1260	1235	1221	1340
Deutliche Veränderung des Schmelzkörpers	1415	1270	1270	1225	1400
Zusammensinken	1435	1275	1280	1235	1430
Aufblähen	1455	1290	1290	1250	1445
Schmelzpunkt erreicht bei	1500	1305	1320	1270	1465

Die mitgeteilten Versuchsergebnisse lassen erkennen, daß mit dem Begriff Aschenerweichungspunkt oder Aschenschmelzpunkt in dieser allgemeinen Form nichts anzufangen ist. Es handelt sich vielmehr bei den Schmelzerscheinungen von Steinkohlenaschen um Vorgänge mit vielen Beeinflussungen, die in den ortsüblichen Bestimmungen nicht mitgemacht werden und mit Bezug auf den Feuerungsbetrieb auch nicht wiederholt werden können. Die Erfahrung hat ja auch längst auf die Unstimmigkeiten in den Schmelzpunktsaussagen und das Verhalten der gleichen Steinkohlenasche im Feuerungsbetrieb als in keinem erkennbaren Zusammenhang stehend hingewiesen und deshalb diese Bestimmung als überflüssig abgelehnt. Man kann hier den Satz aussprechen, daß die Steinkohlenaschenerweichungspunkte nicht nur von ihrer Zusammensetzung abhängen, soweit diese aus Aschen herrühren, die bei niederen Temperaturen gewonnen wurden; vielmehr ist auch eine Funktion der Betriebsweise der Verfeuerung des Aschenträgers, der Steinkohle, vorhanden, die zum mindesten von der Verbrennungstemperatur beeinflußt wird. Steinkohlenaschen, die zur Schmelzpunktsbestimmung gelangen aus Feuerstellen mit 1300° C Temperaturen haben deshalb trotz gleicher ursprünglicher Zusammensetzung andere Erweichungs- und Schmelzvorgänge als Aschen, die beispielsweise aus 1400 und mehr Grad herrühren; hierbei ist der mehr oder weniger große Oxydations- oder Reduktionseingriff noch unberücksichtigt geblieben. Letzten Endes kann die Schmelzpunktsermittlung an betrieblich gewonnenen Steinkohlenaschen nur noch nach dem Umwandlungsvorgang der Verfeuerungstemperaturen mit unbekanntem Ausmaß Feststellungen machen, sie kann aber nie im voraus mitteilen, wie sich eine im Laboratorium bei meist niederen Temperaturen und oxydierender Umwelt hergestellte Asche in irgendeinem Feuerungsbetrieb verhalten wird.

Verascht man Steinkohlen mit verschieden hohen Temperaturen, so ist der Aschengehalt um so geringer, je höher die Veraschungstemperatur war; das hängt mit den aufgezeigten Gewichtsverminderungen als Temperaturfunktion zusammen. Wohl kann man die Schmelzerscheinungen thermometrisch einigermaßen sicher erfassen, aber der Wechsel in der Aschenzusammensetzung, bedingt durch die Art ihrer Herstellung, läßt diese thermischen Werte nicht im erwünschten Ausmaß für die Feuerungstechnik praktisch verwenden. Neben dem Glühverlust, den eine Steinkohlenasche erleidet, findet auch eine Volumenänderung statt, die sehr erheblich sein kann. Es ist bekannt, daß ein schwaches Feuer — gedämpfter Zustand — oftmals eine dem Aussehen nach

26 Die mineralischen Rückstände der Steinkohlen Oberschlesiens.

große Menge an Rückständen hinterläßt; hierbei ohne Wägung auf hohen Aschengehalt zu schließen, wäre falsch. Die gleiche Steinkohle bei lebhafter Verbrennung und hohen Temperaturen im Feuerraum gibt dem Gewicht nach soviel weniger Rückstände ab, als es dem Glühverlust entspricht. Als Mittelwert können hier etwa 10% angenommen werden. Betrachtet man aber die Rückstandsmenge dem Volumen nach, so ist dieser Unterschied außerordentlich viel größer, so daß hier nicht 10%, sondern 60% und mehr auftreten können. An der Abb. 3 sind diese Verhältnisse

Abb. 3.

aus einer Versuchsschmelze gut erkennbar. Die halbierten Zirkonschmelztiegel haben die aus gleicher Schmelze stammenden Aschen erhalten; auf den linken Tiegel wirkten 1300° C, auf den rechten Tiegel 1500° C 1 Stunde lang ein. Ergebnis: Einem Glühverlustunterschied von rund 10% entspricht ein Volumenunterschied von rund 60%. Ähnliche Verhältnisse wie bei den auf den Rostflächen verbleibenden Rückständen liegen bei den Flugaschen vor, die innerhalb der Feuerzüge zur Ablagerung kommen. Ihre Zusammensetzung erfährt gegenüber der Rostschlacke nur dann eine Änderung, wenn im Feuerraum, den die Flugstaubkugeln durcheilen mußten, größere Unterschiede gegenüber den Temperaturen in den Kohlenschüttmassen auf dem Rost vorhanden waren. Dann ist ein merklicher Glühverlustunterschied da, der auch die

Zusammensetzung ändert. Durchschnittswerte vieler Einzeluntersuchungen ergaben:

Kieselsäure	etwa 35%	SiO_2
Tonerde	,, 19%	Al_2O_3
Eisen- und Titanoxyd	,, 21%	$Fe_2O_3 + TiO_3$
Kalziumoxyd	,, 18%	CaO
Magnesiumoxyd	,, 5%	MgO
Restbetrag für Alkali usw.	,, 2%	

Beachtet man die hier geschilderten, so sehr bekannten und in ihrer Erscheinungsform doch so schwer deutbaren Vorgänge, vergegenwärtigt man sich dann, daß mancher die Lieferung eines Brennstoffs mit einem Aschenschmelzpunkt von mindestens 1340° C verlangt oder vorschreibt, so lernt man verstehen, daß eine solche Forderung zur Ablehnung kommt, weil sie überhaupt nicht erfüllbar ist. Abgesehen von der Einflußlosigkeit auf einen Rohstoff wie Steinkohle muß beachtet werden, daß auch die Betriebsweise der Feuerung auf die Begleitstoffe einwirkt, und zwar in vorher nicht übersehbarer Weise.

6. Feuerfeste Steine und Schlackenangriffe aus Rückständen von Steinkohlen Oberschlesiens.

Die Ausmauerungen der Feuerungen aller Art geben Räume ab, in welchen das Mauerwerk entweder mit dem glühenden Brennstoff, also den Steinkohlen selbst, oder aber mit den Verbrennungsgasen bei noch vorhandener Flammentwicklung zusammenkommt. Die sich hierbei abspielenden Vorgänge müssen mit Rücksicht auf ihren Einfluß hinsichtlich der Betriebssicherheit und der Kostspieligkeit bei Fehlanordnungen eingehend beachtet werden. Die chemische Zusammensetzung der Auskleidungsstoffe von Feuerräumen, der feuerfesten Massen und Formlinge verschiedenster Art, kann gut zur Kenntlichmachung benutzt werden. Daraufhin unterscheidet man:

saure Steine bzw. Massen, z. B. Silikasteine,

basische Steine bzw. Massen, z. B. Magnesitsteine, Schamottesteine, Bauxit- und Korundsteine,

halbsaure Steine bzw. Massen, z. B. Quarz-Schamottesteine, welche zwischen den beiden zuerst genannten liegen. Die folgende Zahlentafel gibt einen Überblick und enthält Mittelwerte der chemischen Bruttozusammensetzung aus einer großen Zahl einzelner Untersuchungen:

	Saure Steine %	Halbsaure Steine %	Basische Steine %
Kieselsäure . . . SiO_2 etwa	95,5	75,5	56,7
Tonerde . . . . Al_2O_3 ,,	1,3	20,7	40,5
Kalziumoxyd . . CaO ,,	1,7	0,4	0,4
Magnesiumoxyd . MgO ,,	0,1	0,4	0,2
Eisenoxyd . . . Fe_2O_3 ,,	0,8	1,6	1,9
Alkalien als Rest ,,	0,6	1,4	0,3

Hierbei wird unter *basisch* verstanden, daß ein Stein seine Schwerschmelzbarkeit auf Grund seines Gehalts an Oxyden der Metalle und Erdalkalien (Al_2O_3, MgO, CaO) erhält, während bei den *sauren* Steinen der Gehalt an Kieselsäure, SiO_2, die Schwerschmelzbarkeit bedingt. Zur Kenntlichmachung des basischen oder sauren Charakters hat man einen sog. Säurefaktor nach dem Ausdruck

$$\frac{SiO_2}{Al_2O_3 + F_2O_3 + CaO + MgO + \text{Alkali}}$$

gebildet; nach dieser Formel gerechnet, hätten also die

sauren Steine vorerwähnter Art . 21,2
halbsauren Steine 3,1
basischen Steine 1,3

als Säurefaktor. Stellt man diesen Zahlen die auf S. 22 mitgeteilten Schlackenanalysen gegenüber, so erhält man für die Durchschnittswerte von Aschen aus Steinkohlen Oberschlesiens einen Säurefaktor von 0,7 und für den Flugstaub gleicher Herkunft einen Säurefaktor von 0,5, d. h. man hat es mit Stoffen hochbasischer Natur zu tun. Schließlich sei noch eine kurze Zusammenstellung über feuerfeste Baustoffe, nach Namen, Herkunft und Zusammensetzung geordnet, mitgeteilt:

Namen	Bestandteile zur Herstellung	Zusammensetzung
Silikasteine	Quarzit und Kalk	$SiO_2 = 93-96\%$
Quarzschamottesteine .	Quarzit und Ton	$SiO_2 = 75-85\%$
Schamottesteine . . .	Schamotte und Ton	$Al_2O_3 = 30-45\%$
Sillimanitsteine . . .	Sillimanit und Ton	$Al_2O_3 = 62-64\%$
Korundsteine	Korund und Ton	$Al_2O_3 = 50-90\%$
Mullitsteine	Tonerdesilikat, geschmolzen .	$Al_2O_3 = 70-74\%$
Schmelzkorundsteine .	Tonerdesilikat, geschmolzen .	$Al_2O_3 = 98-99\%$
Karborundsteine . . .	Siliziumkarbid und Ton . .	SiC
Zirkonsteine	Zirkonerde und Ton	ZrO_2
Chromitsteine	Chromit und Ton	$FeO \cdot Cr_2O_3$
Magnesitsteine	Sintermagnesit	MgO

Feuerfeste Steine und Schlackenangriffe von Steinkohlen Oberschlesiens.

Neben der Kenntnis der chemischen Zugehörigkeit feuerfester Massen sind rein physikalische Daten über das Gefüge, die Lunker- und Faltenfreiheit, Temperaturwechselbeständigkeit, Druckfestigkeit, Porösität, Raumbeständigkeit, spezifisches Gewicht, Schmelzpunkt u. a. m. von mindestens gleicher Bedeutung. Hierfür Mittelwerte wie oben anzugeben ist bei der Streuung der Zahlen zwecklos, vielmehr müssen dieselben als Materialkonstanten von Fall zu Fall eingeholt werden.

Korrosionserscheinungen an feuerfesten Baustoffen haben aber nicht nur ihre Ursachen aus der Wechselwirkung der Steine und

Abb. 4.

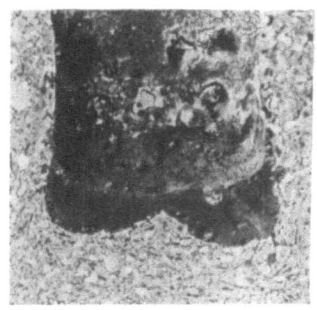

Abb. 5.

Schlacken auf Grund ihrer Zusammensetzung, sondern sind im gleichen Ausmaß auf mechanische Ursachen zurückzuführen. Es treten Reibungen und Scheuerwirkungen auf, nicht nur von den auf dem Rost befindlichen Schlackenmengen, sondern auch durch die im Verbrennungsgasstrom sich fortbewegenden oder rotierenden Flugstaubkugeln oder Splitter. Deshalb ergeben auch laboratoriumsmäßig durchgeführte Schlackenangriffsversuche mit diesen oder jenen Steinsorten kein erschöpfendes Bild über im Feuerungsbetrieb sich später einstellende Zustände, weil die mechanisch wirkende Tätigkeit sich bewegender Steinkohlen oder Schlacken bzw. Flugstaubteilchen im Versuch nicht nachgemacht werden kann.

Die reine Verschlackung der feuerfesten Steine erfolgt allerdings nur durch die Einwirkung der Schmelzflüsse von Steinkohlenrückständen auf dem Rost oder der mit dem Verbrennungsgas abziehenden oder rotierenden Flugstaubteilchen. In den Abb. 4 u.

wird die Einwirkung gleichartiger Schlacke aus den Steinkohlen Oberschlesiens auf zwei verschieden zusammengesetzte Schamotten gezeigt, wobei in Abb. 4 keine Änderung, in Abb. 5 jedoch eine starke Korrosionswirkung erkennbar wird. Die Zusammensetzung der Schamotten war folgende:

	Abb. 4	Abb. 5
Kieselsäure SiO_2	61,9%	71,3%
Tonerde Al_2O_3	36,6%	25,3%
Restoxyde	0,8%	2,4%
Glühverluste	0,7%	0,5%
Säurefaktor	1,7%	2,8%
Schamotteschmelzpunkt	1340°	1710°
Schlackenschmelzpunkt	1340°	1340°

In diesem Beispiel deckt sich die Erfahrung mit dem Laboratoriumsversuch: je saurer der Stein bei sonst gleichen Werkstoff-

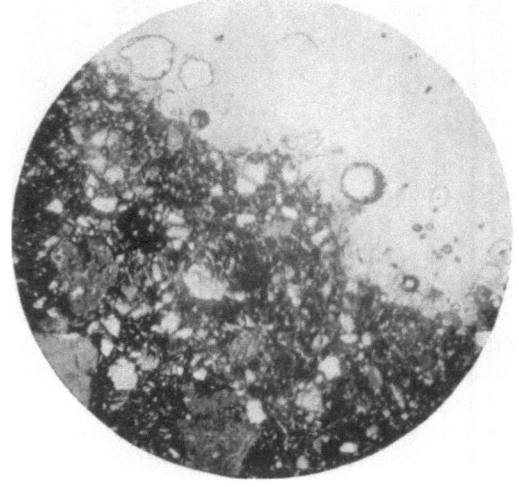

Abb. 6.

zuständen, um so korrosionsfähiger, soweit Schlacken aus Steinkohlen Oberschlesiens in Betracht kommen. An der Trennfläche Schamotte—Schlacke geht der chemische Eingriff bei der in Abb. 5 dargestellten Zusammenstellung erkennbar vor sich; die beginnende Zersetzung zeigt die Mikrophotographie Abb. 6 bei 22,5maliger Vergrößerung im polarisierten Licht bei gekreuzten Nicols. Das

Endergebnis dieser Reaktion, die bei rund 1430° C durchgeführt wurde, stellt die unter gleichen Verhältnissen aufgenommene Photographie Abb. 7 dar; aus dem Schamottematerial haben sich unter Einwirkung der Schlacken Mullitkristalle, $3 Al_2O_3 \cdot 2 SiO_2$ gebildet, ein bei hoher Temperatur beständiges Tonerdesilikat.

In großen Feuerräumen hat sich gezeigt, daß oftmals Gasbewegungen drehender Natur, veranlaßt durch unpassend an-

Abb. 7.

geordnete Zweitluftzuführungen, Zulufteinströmungen durch undichte Reinigungsöffnungen usw. vorhanden sind, welche größere Mengen Flugstaub an den Seitenwänden schmirgelnd vorbeiführen. Die Art des Bewurfes der feuerfesten Ausmauerung läßt dann ohne weiteres diesen Vorgang, dessen Stromlinien gewissermaßen petrographisch fossil geworden sind, erkennen und zeigt eindringlichst die Zerstörung des Mauerwerks auf rein mechanische Weise.

7. Rostverschleiß und seine Ursachen bei Benutzung von Steinkohlen Oberschlesiens.

Die Rostbeläge von Feuerungen verschleißen und verbrennen oft nach kurzer Betriebsdauer und mit der Urteilsbildung über die Ursachen hierzu ist man meist schnell fertig: die benutzte

Kohle oder deren mineralischer Rückstand gaben ausschließlich Veranlassung zu der unliebsamen Erscheinung. Bei ruhiger Überlegung jedoch wird man bald erkennen, daß zur Erklärung des unnormalen Verschleißes die Zusammensetzung des Werkstoffes der einzelnen Roststäbe, die Art der Verbrennung und die Art der Steinkohle und deren Rückstände, welche allesamt in Wechselwirkung zueinander stehen, zur Klärung herangezogen werden müssen. Über die Zusammensetzung der Steinkohlen und deren Aschen sind hier genügende Mitteilungen gegeben worden; es bleibt noch die ziffernmäßige Angabe über die Werkstoffe Gußeisen für Roststäbe zur Bekanntgabe übrig.

Als Mittelwerte einer größeren Anzahl von Einzelanalysen ergaben sich für frischen unverbrauchten Roststabguß:

Silizium Si	etwa 1,72%	Unterschiede		1,17%
Mangan Mn . . .	„ 0,53%	zwischen		0,51%
Phosphor P . . .	„ 0,67%	Höchst- und		0,69%
Schwefel S	„ 0,11%	Niedrig-		0,11%
Kohlenstoff C . .	„ 3,31%	gehalt		0,75%

Dabei ist zu bemerken, daß gerade im Phosphor- und Schwefelgehalt große Streuungen auftreten, wobei man auf unzweckmäßige Gattierung des Gusses schließen kann. Bei feuerbeständigem Rostguß wird ein Gehalt an Phosphor kleiner als 0,3%, beim Schwefel kleiner als 0,08% empfohlen. Dieser Werkstoff mit obengenannter Zusammensetzung kam nach seinem Unbrauchbarwerden und Abzundern erneut zur Untersuchung und ergab dann als Gesamtmittel:

Silizium Si 2,04%
Mangan Mn 0,44%
Phosphor P 0,55%
Schwefel S 0,18%
Kohlenstoff C 1,26%

Betrachtet man nunmehr die Zusammensetzung der durch Feuereinwirkung veränderten Werkstoffe, so fällt durchweg die Entkohlung auf, d. h. das Gußeisen verliert sein Sättigungsvermögen an Kohlenstoff und verändert damit auch seine Eigenschaften (C-Gehalt erst 3,3 dann 1,3%). Während der ursprüngliche Werkstoff keinen Zunder bildet, beginnt er nach Gebrauch zu zundern und damit zu zerfallen, sobald die Entkohlung infolge der Feuereinwirkung ihren Anfang genommen hat. Bis zu diesem Zeitpunkt ist der Werkstoff feuerbeständig, danach nimmt jedoch der Verschleiß mit der Zeitdauer in verstärktem Maße zu. Erfahrungsgemäß hängt der von der Oberfläche ausgehende Verschleiß zum großen Teil von der Oberflächenbeschaffenheit selbst ab; daher werden schwer verletzbare, harte und dichte Roststaboberflächen gefordert. Ausschlaggebend für die Erreichung dieses Zustands ist die Art der Verteilung des gesamten Kohlenstoffs im Eisen; feine Graphitlamellen mit weißem Bruch sind günstiger als grob verteilter Graphit mit grauem Bruch. Je dichter und härter die Rostbahn ist, desto weniger neigt sie zum Zundern. Der Zerfall von Eisenkarbid Fe_3C in 3 Fe und C und die Oxydierung des Kohlenstoffs, also die Entkohlung, setzen um so später ein, je dichter und feiner der Guß ist. Da die Entkohlung nur bei höheren Temperaturen vor sich geht, so ist zur Verhinderung dieses Vorgangs nur das Vermeiden heißgehender Feuerungsroste zu fordern. Hat der Werkstoff Temperaturen von mehr als 400° auszuhalten, so kann angenommen werden, daß der Rost, die Art des Brennstoffs hinsichtlich Zusammensetzung und Korngröße und der Feuerraum nicht zueinander passen. Auch die Abmessungen des Rostes können hieran beteiligt sein; entweder ist die freie Rostfläche zu klein oder die einzelnen Teile haben unpassende Größen und Gewichte. Vielfach wird die Ansicht vertreten, daß gewisse Schlackensorten aus verschiedenen Brennstoffen besonders stark zum Rostverschleiß beitragen. Begründet wird dies damit, daß derselbe Rost mit gewissen Brennstoffen heiß geht und der Rostbelag angegriffen wird, bei anderen Kohlensorten die Erscheinung jedoch fehlt. Bei näherer Betrachtung konnte bisher aber kein Fall nachgewiesen werden, bei dem das Gußeisen durch chemische Angriffe der Schlacken zerstört wurde. Alle scheinbaren Schlackenangriffe erwiesen sich vielmehr als Folgen von Unstimmigkeiten zwischen Feuerungsanlage und Brennstoff. Von den Bestandteilen der Steinkohlen wäre nur Schwefeleisen oder Pyrit imstande, Gußeisen unmittelbar anzugreifen und chemisch umzuwandeln; es tritt aber immer in geringen Mengen auf und zeigt zu der Asche zum mindesten die gleiche chemische Verwandtschaft wie zum Gußeisen des Roststabs. Davon kann man sich sehr leicht durch Versuche im Laboratorium überzeugen. In einer Schmelze von Schwefeleisen, etwa auf 800° erhitzt, wird jeder, etwa 1 Stunde lang eingetauchter Probestab aus Rostguß mit polierten Oberflächen heftig angegriffen; diese Beobachtungen an polierten Probestäben zeigen auch, daß sich Werkstoffe von verschiedener Zusammensetzung verschieden verhalten. Erhitzt man Steinkohlenasche ebenfalls auf 800° und läßt sie auf den Probewerkstoff einwirken, so läuft zwar die polierte Oberfläche an und wird matt, aber sie wird nicht wie im Schwefeleisenbad zerstört oder umgewandelt. Ebenso verhält sich Koks, der namentlich das Warmwerden der Feuerungsroste veranlaßt. Demnach können Roste durch chemische Umsetzungen mit dem Schlackenanteil der Aschen kaum verschleißen. Ebenso steht aber fest, daß das physikalische Verhalten der Schlacken bei hohen Temperaturen örtliche Überhitzungen der Roste und damit die Entkohlung des Gußeisens veranlaßt und seine Zerstörung durch Abzundern einleitet. Kommen z. B. Schlacken zum Fließen und verlegen diese

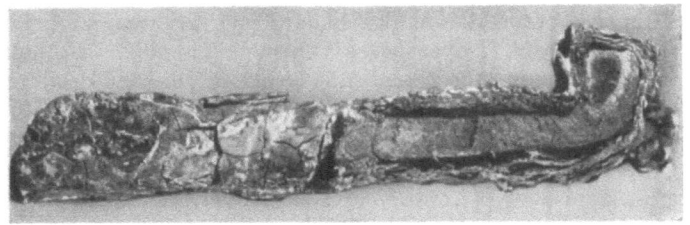

Abb. 8.

die Rostspalten, so wird der nötige Luftdurchtritt gehemmt. Es bildet sich dann in der Feuerzone ein Verbrennungsreduktionsherd aus, der die nachkommenden Tonerde-, Silikat- und Kalkschmelzen im Verband mit den Eisenoxyden aus den Aschenbestandteilen zu neuen Umsetzungen mit immer niedrigeren Schmelzpunkten zwingt. An dieser Stelle wird der Werkstoff sicher überhitzt und auch zerstört. Über die Größe oder den Umfang dieser Schäden sollen nunmehr einige aus der Erfahrung gewonnene Tatsachen aufgezeigt werden.

Verwiesen wird auf Abb. 8. Es handelt sich um einen Schrägroststab aus einer Schüttfeuerung für keramische Zwecke, die nach einem Vierteljahr Betrieb bis zur Unbrauchbarkeit zerstört war. Der Werkstoff Gußeisen zeigte als Zusammensetzung im

	frischen und im	verbranntem Zustand
Si	2,04	2,81 %
Mn	0,48	0,31 %
P	0,85	0,86 %
S	0,12	0,13 %
C	3,27	0,42 %

Ursache der Abzunderung: 20stündiger Feuerbetrieb ohne Abschlackung, große Mengen unverbrannten Kokses bei gewaltiger Wärmeeinstrahlung aus dem Mauerwerk auf dem Rost, fehlendes Wasserschiff zur Kühlung.

Abb. 9 stellt die Brennbahn eines Wanderroststabes dar; Zusammensetzung im

	frischen	und im verbrannten Zustand
Si	2,05	2,22 %
Mn	0,46	0,42 %
P	0,43	0,54 %
S	0,12	0,36 %
C	3,58	1,07 %

Zu irgendwelchen Bedenken hinsichtlich der Gattierung lag keine Veranlassung vor. Die Feuerung hatte ein sehr langes und niederes

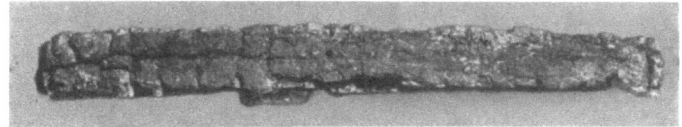

Abb. 9.

Zündgewölbe, wodurch um so schneller ein Heißlaufen des Rostbelags eintrat, je heizwertiger die verbrannte Steinkohle war. Schottische Kohlen z. B. mit 15% Wasser im lufttrockenen Zustand ergaben keinerlei Betriebsschwierigkeiten. Schließlich sei noch auf die Abb. 10 verwiesen; dargestellt ist ein von oben gesehener wellenförmiger Roststab und ein polierter Längsschnitt aus diesem Rost mit Pikrinsäureanätzung. Zusammensetzung im

	frischen und im verbrannten Zustand	
Si	1,35	1,61 %
Mn	0,33	0,33 %
P	0,63	0,39 %
S	0,14	0,26 %
C	2,95	1,75 %

Der benutzte Brennstoff hatte weder Bläh- noch Backvermögen, blieb also nach dem Entgasen in der ursprünglichen Korngröße auch als Koks auf dem Rost bis zum Abbrand. Verursacht ist der Rostverschleiß durch den unpassenden Brennstoff; die Schicht aus kleinkörnigem Koks wurde im Betrieb sehr hoch, weil der Hauptanteil des Wärmebedarfs aus den flüchtigen Bestandteilen gedeckt wurde und der große Koksanteil wegen seines hohen Luftwiderstandes sehr langsam abbrennt. Damit wurde vornehmlich der Rost und nicht die Heizfläche erwärmt. Auch das alle 3 Stunden erfolgende Abschlacken konnte mit Rücksicht auf das Gleichhalten der Dampfspannung nicht sorgfältig genug durchgeführt werden. Infolgedessen blieben Aschen- und Schlackenreste auf der Brennbahn liegen, die den Luftzutritt noch weiter ver-

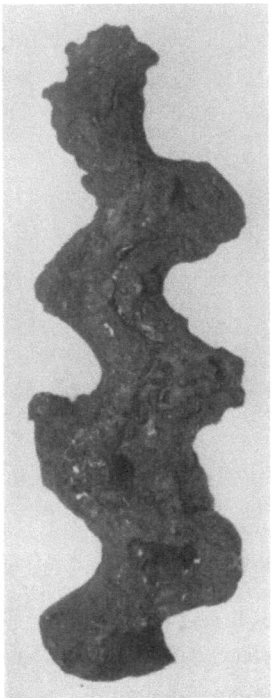
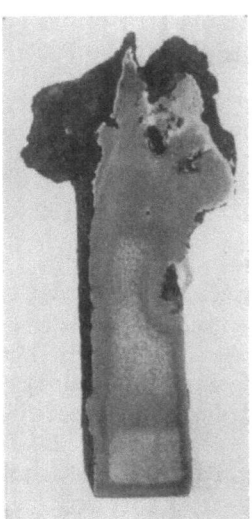

Abb. 10.

minderten und so den Rost zum Glühen brachten. Der vorher benutzte Brennstoff mit hohem Wassergehalt und bedeutendem Blähvermögen zeigte diese Übelstände nicht. Das Wasser wirkte kühlend, und die aufgeblähte Kohle setzte beim Abbrand der Luft weniger Widerstand entgegen, womit gute Verbrennungsbedingungen für den festen und den flüchtigen Anteil gegeben waren; ferner war die Feuerraumtemperatur wegen des Wassergehalts sowie wegen des kleineren Heizwertes der Kohle niedriger als bei der ungewaschenen Kohle. Ein nach Erneuern des Rostes vorgenommener Versuch mit der gleichen Gasflammkohle bei gröberem Korn von 15 bis 25 mm lieferte dann gleich befriedigende Ergebnisse. Diese und andere Erfahrungen zeigen die Wechselwirkung zwischen den eingangs genannten drei Dingen, die zum Verschleiß des Werkstoffs der Feuerungen führten, klar und eindeutig an. Faßt man die gewonnenen Erkenntnisse zusammen, so kann man folgern: Zusammensetzungen der verschiedensten Werkstoffe für Feuerungsroste zeigen, daß keine Einheitlichkeit in der Zusammensetzung besteht. Die Ursache des Verschleißes ist die Entkohlung bei zu hoher Werkstofftemperatur, an die sich eine Zunderung anschließt. Die Voraussetzungen für das Entstehen von zu hohen Werkstofftemperaturen liegen immer in schlechter Anpassung von Feuerung und Brennstoff. Schlacken können durch chemische Angriffe keinen starken Rostverschleiß verursachen, ihr physikalisches Verhalten bei höheren Temperaturen kann jedoch zur Entkohlung des Gußeisens wesentlich beitragen. Es ist die Schaffung einer einheitlichen Rostgußgattierung mit dichtem Gefüge und schwer verletzbarer, harter Oberfläche sowie hoher Feuerbeständigkeit zu fordern. Zu den mitgeteilten Analysen werden auch feuertechnische Einzelheiten angeführt, die die Ursachen des Verschleißes und die Wechselbeziehungen zwischen Werkstoff, Feuerung und Brennstoff eindeutig erkennen lassen.

8. Der Betrieb von Feuerungen mit Handbeschickung bei Benutzung von Steinkohlen Oberschlesiens.

Bei den folgenden Betrachtungen über das Verhalten der Steinkohlen Oberschlesiens in Feuerungen mit Handbeschickung für jeden vorkommenden Zweck kommt es nicht auf Beschreibungen von Feuerungsbauarten- oder Konstruktionen an, über die in dem dafür vorhandenen Schrifttum nachgelesen werden muß. Vielmehr soll hier nur die Betriebsweise, soweit der Verbrennungsprozeß damit zusammenhängt, beschrieben werden. Eine bequeme Trennung der vielen Feuerungsarten wird am einfachsten erreicht durch die Unterscheidung in handbeschickte Feuerungen und solche, welche mechanisch beschickt werden; sowohl Korngrößen als auch Eigenschaften der zu verwendenden Steinkohlensorten werden durch diese Unterschiedlichkeit berührt. Bei den handbeschickten Feuerungen, gleichgültig ob ein Planrost oder ein Schrägrost, und gleichgültig ob eine Hausbrand- oder Industriefeuerung vorliegt, ist das feuerungstechnisch wichtigste Merkmal in folgendem zu suchen. Frischer Brennstoff wird auf glühende Steinkohlen oder Koksreste, aus entgasten Steinkohlen herrührend, in gewissen Zeitabschnitten von Hand aufgegeben. Dabei wird dieser von unten nach oben erwärmt und durch den Anteil an flüchtigen Bestandteilen in den Steinkohlen gelangen aus diesen um so schneller Entgasungsprodukte, je kleiner die Korngrößen der aufgegebenen Steinkohlen waren. Aber der Zweck der Übung ist die Herbeiführung von Verbrennung, nicht von Entgasung. Da nun die Verbrennungsluft, welche durch den Rost zieht, einen großen Teil ihres Sauerstoffs am glühenden Koks unter dem frisch aufgelegten Brennstoff verliert, genügt der Sauerstoffrest oft nicht, um eine restlose Verbrennung zu erhalten. Als unerwünschte Erscheinung treten dann Ruß- und Teernebel auf, welche qualmend den Schornstein verlassen. Deshalb muß für sog. ,,Zweitluft" gesorgt werden. Verbrennungsluft, die während des Entgasungsabschnittes frisch aufgeworfener Steinkohle nicht durch den Rost, sondern unmittelbar dem brennbaren Gasstrom zugeleitet wird. Der allbekannte Bunsenbrenner hat hier das Modell abgegeben. Erreicht wird diese Zufuhr frischer Verbrennungsluft entweder durch die Feuertür oder durch die Feuerbrücke. Im ersten Fall hat man Türen mit langen Schlitzen, welche mindestens die Hälfte der Feuertürfläche ausmachen sollen und die durch einen Schieber wechselnden Luftdurchgang einstellen lassen. Im zweiten Fall wird die Feuerbrücke mit einem Hohlraum, mit einem langen Schlitz versehen, der, ebenfalls in seinem Querschnitt wechselnd, mehr oder weniger großen Durchgang einzustellen erlaubt.

Für handbeschickte Planrostfeuerungen sind alle Steinkohlen Oberschlesiens bis zu faustgroßen Korngrößen geeignet. Aus dem hier Gesagten ergibt sich aber ohne weiteres, daß man mit gröberen Sorten, z. B. Würfel II 70/90 mm bessere Feuerungswirkungsgrade erreicht als mit kleinkörnigen Sorten, z. B. Erbs 15/25 mm oder Staub 0/10 mm, deren Verlust durch noch brennbare Gase, durch ausgeschiedenen Kohlenstoff als Ruß oder Flugkoks, alles aus der lebhaften Entgasung stammend, größer sein wird.

Hinzu kommt noch ein wechselndes Verhalten der Aschen, und zwar derart, daß Grobkohlen, die an sich schon aschenärmer als kleinere Sorten sind, sehr selten zusammenhängende, verschlackte Aschendecken bilden, das Rostreinigen durch

Der Betrieb von Feuerungen mit Handbeschickung. 39

Abschlackung also leicht macht. Die vorerwähnten kleineren Steinkohlensorten geben jedoch nach der Verbrennung meist zusammenhängende Schlackendecken, weshalb bei gleicher Wärmeleistung des Rostes doch öfter Rostreinigungen erforderlich werden. Feinkörnige Steinkohlen verschlacken immer leichter als grobkörnige, wobei vorausgesetzt, daß die Steinkohlenzusammensetzung mit Ausnahme der Menge des Aschengehaltes eine völlig gleiche ist. Bei den Grobsorten erfolgt der Abbrand gleichmäßig auf einen längeren Zeitraum verteilt, während bei den kleinen Sorten nach der Entgasung der verbleibende kleinstückige und porige Koks schnell hohe Temperaturen erzeugt und dabei die Aschen verschlackend und verklebend auftreten, womit die Schlackenplattenbildung ihre Erklärung findet.

Die für handbeschickte Feuerungen zweckmäßigen Roststäbe müssen namentlich bei Verfeuerung der kleinkörnigen Sorten möglichst große, freie Rostflächen besitzen. Das heißt, von der Gesamtrostfläche ist möglichst viel Luftdurchtrittsraum freizugeben, wobei 45% freie Rostfläche wertvoller sind als 25%. Schließlich ist der Rost ja nur ein notwendiges Übel, weil die zu verbrennenden Steinkohlen nur im kleinstkörnigsten Zustand als Steinkohlenstaub schwebend in der Luft zu halten sind. Kunstgußformen, die dieserhalb ein besonderes Aufgeld erfordern, sind abzulehnen, glatte Stäbe entaschen sich leichter als verzahnte Flächen. Die Roststabhöhen liegen durchschnittlich bei 120 mm, die Brennbahnbreiten 15 bis 20 mm, wobei die Rostspalten für den Durchtritt der Verbrennungsluft je nach Korngrößen 4 bis 10 mm betragen müssen. Das sind Abmessungen, die durchschnittlich Anwendung finden bei Benutzung natürlichen Zuges. Mechanischer Zug in Form von Preßbelüftung ist für Gassinter- und Gasflammkohlen, feuerungstechnisch gesehen, selten befriedigend. Durch den Unterwind werden meist große Flugkoks- und Rußmengen unverbrannt in die Atmosphäre gejagt, namentlich dann, wenn Staubsorten benutzt werden. Für diesen Fall muß die Rostbahnbreite geringer als oben angegeben bemessen sein, 12 bis 15 mm, auch wird die Luftspalte zwischen 2 bis 4 mm liegen müssen, um eine genügende Strahlwirkung der durchgepreßten Verbrennungsluft zu erreichen.

Alle handbeschickten Feuerungen, welche Steinkohlen Oberschlesiens benutzen, sollen so bedient werden, daß die verlangte Wärmeleistung mit dem kleinsten Ausmaß an Feuerschichthöhe erreicht wird, also hohe Feuerhaltung ausgeschlossen wird. Diese Forderung bedingt ein öfteres Aufgeben von Brennstoff in kleineren Mengen. Sind aus irgendwelchen Gründen Stauwärmen in handbeschickten Planrostfeuerungen vorhanden, welche ungünstig auf den Rostbelag einwirken, so kann oftmals behelfsmäßig Abhilfe geschaffen werden durch Zurverfügunghalten einer Kühleinrichtung. Diese kann z. B. bestehen in einem Wasserschiff, aus welchem durch Strahlungswärme Wasser frei verdampft und durch die Roststäbe und die Kohlenschicht abziehend, kühlend wirkt. Ebenso erreicht man durch Druck, Wasser- oder Abdampfanschluß an Düsen, welche unter dem Rost verteilt sind, Kühlwirkungen, wenn Wasser oder Dampf in feinster Zerstäubung verblasen wird. Manche Feuerungsvorgänge, die von handbeschickten Planrostfeuerungen aus erreicht werden sollen, erfordern besondere Aufmerksamkeit. Nicht nur Wärme wird notwendig, nein, man will mit den Verbrennungsgasen auch noch chemische Prozesse durchführen, z. B. an Glasuren in der Keramik. Mit luftüberschüssigen Verbrennungsgasen — oxydierende Feuer — oder mit Verbrennungsgasen, welche Entgasungsprodukte bei ungenügendem Luftgehalt besitzen — reduzierende Feuer — können keramische Prozesse durchgeführt werden. Hierbei sind kleinstückige Steinkohlen Oberschlesiens auszuschließen nur Würfel I-, Würfel II- und Nuß I-Körnungen sind einwandfrei verwendbar. Auch muß die Brennstoffaufgabe möglichst unterkornlos erfolgen, ferner soll ein möglichst geringer Aschengehalt vorhanden sein, um die Feuer auf lange Zeiten ohne Abschlacknotwendigkeit führen zu können, wozu das fehlende Backvermögen im Feuer hilft. Ist der Zeitraum, bei welchem mit reduzierender Flammenwirkung gearbeitet wird, überwiegend, so ist die Benutzung von Gasflammkohlen mit hohem Anteil an Heizwert im Gas empfehlenswert. Brennt man z. B. ein Steingut mit dauernd oxydierendem Feuer, so empfehlen sich besser Gassinterkohlen, deren Heizwertsanteil in den flüchtigen Substanzen der Steinkohlen geringer ist. Die Verbreitung der handbeschickten Planrostfeuerungen ist groß, man kann einen beträchtlichen Teil der Dampfkesselfeuerungen an Land und auf See, in Porzellan- und Steingutfabriken, im Hausbrand usw. dazu rechnen. Es ist aber trotz mannigfaltigster Verschiedenheit feuerungstechnisch immer nur derselbe Vorgang vorhanden, der hier eingehend geschildert wurde, womit dieser Abschnitt als beendet betrachtet werden kann.

9. Der Betrieb von Feuerungen mit mechanischer Beschickung bei Benutzung von Steinkohlen Oberschlesiens.

Liegen Feuerungen mit mechanischer Beschickung vor, so lassen sich normale und verlustlose Verbrennungsbedingungen wesentlich leichter herbeiführen als bei Verwendung von Feuerungen mit Handbeschickung. Während bei diesen die Korngrößenfrage in dem Sinne eine Rolle spielt, als gröbere Steinkohlensorten günstiger in Wärme überzuführen sind als kleinkörnige, hört diese Bevorzugung bei mechanisch arbeitenden Feuerungen nicht nur auf, sondern wird bis auf mengenmäßig geringe Ausnahmen tatsächlich in das Gegenteil überführt, so daß mechanische Feuerungen besser mit kleinkörnigen Steinkohlensorten betrieben werden. Wurfbeschicker z. B. arbeiten durchweg mit Erbssortierungen, entsprechend einer Körnung von 15/25 mm, wenn auch hier und da die nächsthöhere oder geringere Körnung benutzt wird. Hier wird ebenfalls auf vorhandenen, glühenden Brennstoff neue Kohle aufgetragen, doch erfolgt dieser Vorgang so, daß das unterschiedliche Verhalten schon glühender und noch frischer Kohle nahezu ausgeglichen wird. Dadurch, daß der Bewurf mit kleinen Mengen frischer Steinkohle, jedoch in größerer Anzahl je Zeiteinheit, erfolgt, verschwinden die Fehler der Handbeschickung bei kleinen Korngrößen völlig. Die gewissermaßen teelöffelweise erfolgende Beschickung des Planrostes gegenüber der schaufelweise erfolgenden Bedienung durch die Hand bringt es auch mit sich, daß die Aschen der Steinkohlen auf dem Planrost bei Wurfbeschickern nicht so sehr zur Verschlackung neigen als bei der Handbefeuerung. Die gleichmäßigere Verteilung der zu verbrennenden Steinkohle ergibt bei gleichen Leistungen nicht eine so hohe Feuerschicht auf der Planrostfeuerung, welche meist klumpenweise bei Handbeschickung auftritt und dann Kohlenhaufen bildet, die wegen ihrer Innentemperatur Steinkohlenaschen leicht zum Verschlacken bringen. Als Erfolg dieses geregelten Feuerungsvorgangs ist dann neben der zwangsläufig vorhandenen gleichmäßigen Verbrennung auf dem Rost fast völlige Rauchlosigkeit bei Verwendung von Nuß-, Erbs- und Grießsorten der Steinkohlen Oberschlesiens vorhanden, obwohl auch hier die neu zu verbrennende Steinkohle auf ein vorhandenes glühendes Kohlenbett kommt und die Benutzung gröberer Sorten als höchstens 40 mm Körnung meist nicht möglich ist. Eine Forderung bleibt aber immer beachtenswert, nämlich die, daß je Flächeneinheit des Rostes der größtmöglichste Luftzutritt vorhanden ist. Dieser aber ist, wie vorher ausgeführt, bedingt durch die Spaltweite und Roststabstärke des Rostes, welche wieder von dem zu verfeuernden Kohlenkorn abhängt. Feuerungstechnisch gesehen ist es richtiger, selbst mit einem kleinen Rostdurchfall nach dem Abschlacken zu rechnen, als dauernd wegen erschwerten Luftzugangs zum Rost teilweise qualmende Feuerungen oder schwer entfernbare Schlacken zu haben, zumal alle Steinkohlenaschen, also auch die der Steinkohlen Oberschlesiens, im Feuer leicht zusammenfritten und dadurch den Rostdurchfall verhindern.

Schrägrostfeuerungen kann man ebenfalls als mechanisch betrieben ansehen, insofern die Brennstoffzufuhr durch Abrutschen auf schräg gestellter Brennbahn mehr oder minder selbsttätig erfolgt. Hierbei gelangt der frisch zulaufende Brennstoffstrom langsam in höhere Temperaturen, wird entgast und der verbleibende Koksanteil aus der Steinkohle verbrennt am Rostende zu seinen Endprodukten. Verlangt wird eine Steinkohle, die in ihren Schüttneigungswinkeln den meist nicht verstellbaren Schrägrostneigungen angepaßt, deren Aschengehalt gering und deren Backvermögen im Feuer gleich Null ist. Um diese Forderungen zu erfüllen, muß man, wie früher bei den handbeschickten Feuerungen, wieder zu gröberen Steinkohlensorten Oberschlesiens zurückgreifen und Korngrößen von 50 bis 80 mm durchschnittlich verwenden. Durch die schräge Anordnung des Rostes ergibt sich in den Feuerräumen meist viel Stauwärme, welche das Roststabeisen ungünstig beeinflußt und zudem fließende Schlacken entstehen läßt. Deshalb ist eine Rostkühlung, sei es mit Wasser oder mit Dampf betrieben, unbedingt notwendig. Sowohl die Wurfbeschicker als auch die Schrägrostfeuerungen machen Rostreinigungen von Hand erforderlich und sind deshalb als halbmechanisch zu benennen.

Bei den Großfeuerungen wird auch diese immerhin umständliche Betriebsnotwendigkeit mechanisch erledigt, so daß der Feuerungsbetrieb, soweit Kohlenaufgabe und Schlackenentfernung in Frage kommen, völlig selbsttätig verläuft. Die Wanderrostfeuerungen, vollmechanisch nach jeder Richtung hin arbeitend, werden durchweg als Unterfeuerungen angeordnet. Ebenso leistungsfähig als auch an alle Eigenschaften der verschiedensten Brennstoffsorten anpaßbar kann nur unterschieden werden in

Der Betrieb von Feuerungen mit mechanischer Beschickung. 43

älteren Bauformen mit niederen Feuerräumen und langen Zünddecken und in neuen Anlagen mit hohen Feuerräumen und kurzen Zündgewölben. Ebenso sind neben Anlagen mit natürlichem Zug auch solche mit mechanischem Zug und Druckluftzuführung vorhanden, wobei die zuströmende Verbrennungsluft entweder gleichmäßig zum Wanderrost geleitet wird oder aber durch besondere Zonen in regelbarer Anordnung zum Brennstoff gelangt. Unterschiedliches Verhalten bei Verwendung von Steinkohlen Oberschlesiens wird durch diese Mannigfaltigkeit von Wanderrostformen nicht herbeigeführt, alle Gassinter- und Gasflammkohlen haben beste Eignung für die Benutzung in diesen Feuerungen. Die Korngrößenauswahl erfolgt lediglich auf Grund der zur Verfügung stehenden Kohlenmengen und von ihren Wärmepreisen frei Verwendungsstelle. Wanderrostfeuerungen formen ebenso Staubsorten 0/10 mm Körnung wie Erbskohlen 15/25 mm in Wärme um, ohne wesentliche Unterschiede im Wirkungsgrad zu besitzen. Sind Brennlängen von mehr als 5 m am Wanderrost und genügend große Verteilung der Vorschubgeschwindigkeit desselben vorhanden, so ist es fast durchweg möglich, ab 30 mm Körnung alle vorhandenen Korngrößen mit gleichem Wirkungsgrad zu verarbeiten. Dabei hat sich herausgestellt, daß sortierte Steinkohlen einfacher benutzbar sind als unsortierte, also beispielsweise eine Grieß I-Sorte 10/15 mm leichter gleichmäßig zum Abbrand zu bringen ist als eine unsortierte Rätterkleinkohle im Ausmaß 0/40 mm.

Für die Sortenauswahl entscheidet lediglich die benötigte Dampfmenge und die zur Verfügung stehende Verbrennungsluft. Es ist selbstverständlich, daß man mit einer Erbssorte 15/25 mm Körnung und etwa 7000 kcal unteren Heizwert gerade noch eine verlangte Dampfmenge erzeugen kann, dieses Vorgehen aber dann versagt, wenn die Benutzung von Staubsorten mit Körnung 0/10 mm und etwa 6400 kcal unteren Heizwert verlangt wird. Hieran ist nicht nur der Heizwertunterschied beteiligt, der nur dann eine Rolle spielt, wenn die Wanderrostfeuerungen schon bei Erbskohlenbenutzung an den Grenzen des möglichen standen. Vielmehr spielt der Widerstand des Brennstoffbetts gegen die zuströmende Verbrennungsluft eine ebenso große Rolle, der bei Staub 0/10 mm mindestens um 25% größer ist als bei Erbs 15/25mm. Bei dieser Gelegenheit ist es angebracht, an zwei Kunstkniffe zu erinnern, die bei Staubkohlenverwendung erfolgreich benutzt werden. Man feuchtet Staubkohlen kräftig an, sich bewußt bleibend, daß das zugesetzte Wasser in den Feuerungen verdampft werden muß und als überhitzter Wasserdampf mit der Verbrennungsgasendtemperatur verlustbringend abzieht. Dennoch ist es besser, so zu verfahren, weil die durch Anfeuchtung entstehenden Verluste geringer sind als diejenigen Verluste, welche bei trockenen Staubkohlen immer auftreten können. Das sind namentlich Flugkoks- und Teernebelverluste, weil die zu trockene Staubkohle lange über die Wanderrostfeuerungen läuft, ehe Zündung durch das ganze Brennstoffbett einsetzt. Meist entsteht momentan an ein und derselben Rosttiefe eine intensive Zündung bei lebhaftester Verbrennung und unter Funkensprühen stieben Flugkokskörper im Feuerraum umher, die der Verbrennungsgasstrom dann entführt. Genäßte Staubkohlen werden aufgelockert durch den sich bildenden und aus dem Brennstoffbett austretenden Wasserdampf, wodurch Zündung und Durchbrand gleichmäßiger verteilt verlaufen und die beschriebenen Verluste geringer werden oder ganz verschwinden.

Die zweite Möglichkeit, Luftwiderstände im Brennstoffbett bei Benutzung von Staubkohlen zu mindern, besteht darin, die Kohlenverteilung quer zur Bewegungsrichtung der Wanderrostfeuerungen nicht gleichmäßig sondern ungleichmäßig zu gestalten. Daher erhält der Brennstoffbelag Furchen, die über den Querschnitt des Rostes gleichmäßig verteilt in der Bewegungsrichtung der abzubrennenden Kohlen vom Aufgabetrichter zu der Feuerbrücke wandern. Erreicht wird die Durchfurchung entweder durch entsprechende Ausformung des Kohlenaufgabeschiebers oder einfacher durch Einlage von fest klemmbaren Rundeisen in entsprechender Menge und entsprechendem Abstand, wodurch der Querschnitt der Kohlen nicht gleichmäßige sondern wellenförmige Form erhält. In den Wellentälern setzt dann die Verbrennung wegen des wesentlich geringeren Luftwiderstands leicht ein und zündet dann den rechts und links vom Wellental gelegenen Wellenberg durch. Als Regel, die bedingungslos für jede Körnung und für jede Art von Wanderrostanordnung Geltung hat, kann, soweit Steinkohlen Oberschlesiens in Frage kommen, gesagt werden, daß der Feuerungsbetrieb um so leichter und besser vor sich geht, je geringer die Schichthöhe und je größer die Vorschubgeschwindigkeit des Rostes ist. Eine Zahlenbeziehung hierfür ist natürlich nicht anzugeben, Belastungsgröße der Roste, Zugverhältnisse, Roststabformen mit Bezug auf die freie Rostfläche, Korngröße der benutzten Steinkohlen und die Art des Feuerraumes und der Zündgewölbe sind die Abhängigkeiten, die im voraus und für alle vorkommenden Fälle nicht übersehbar sind. Trotzdem bleibt die Richtung der Regel eindeutig: geringe Schichthöhen, größere Vorschubgeschwindigkeiten.

Was hier für Wanderrostfeuerungen gesagt wurde, hat auch Geltung bei Verwendung von Steinkohlen Oberschlesiens in Unterschub- oder Schubfeuerungen (Stoker). Die Zündung erfolgt nicht von unten nach oben wie bei handbeschickten Planrostfeuerungen, sondern von den Seiten und von oben her und nach unten hin. Die Entgasungsprodukte sind also gezwungen, sich durch vorhandene Kohlen- und Koksglut durchzuarbeiten und verbrennen meist restlos, können nicht unverbrannt entweichen Sind diese Feuerungen so ausgebildet, daß in hohe Feuer, also in ausgegastem Steinkohlenkoks, frische Steinkohlen gedrückt werden, so müssen in der Korngrößenauswahl und im Aschengehalt gewisse Bedingungen erfüllt werden, um ein Zusammenschmelzen von Koks und Schlackenstücken zu vermeiden. Nichtbackende Gassinterkohlen mit geringstem Aschengehalt in Korngröße um 40 mm herum arbeiten dann reibungsloser als etwa Grießkohlensorten 10/15 mm Körnung des gleichen Steinkohlenherkommens.

10. Der Betrieb rostloser Feuerungen bei Verwendung von Steinkohlen Oberschlesiens.

Rostlose Feuerungen liegen in den Kohlenstaubfeuerungen und in den Streufeuerungen der Ringöfen für Ziegel, Kalk und Keramik vor. Bei den Kohlenstaubfeuerungen muß von Betrachtungen über die Herstellung des Kohlenstaubs, also Trocknung, Mahlung und Staubfeinheit abgesehen werden. Lediglich die Verbrennungseigentümlichkeiten des Kohlenstaubs, bewußt im Gegensatz zu den „Staubkohlen" als normalen Förderanteilen, sollen hier beachtet werden. Sowohl die Gassinter- als auch die Gasflammkohlen Oberschlesiens lassen sich als Kohlenstaub restlos und leicht vollkommen verbrennen, nicht nur hinsichtlich des Gasanteils, sondern auch mit Rücksicht auf den verbleibenden Koks. Das Verbrennen des Staubes erfordert, wie anderwärts auch, eine Erstluft, die den Kohlenstaub durch die Verbrennungsluft fortträgt und ferner eine Zweitluft, in welche sich die Kohlenstaubflamme hüllt. Ist Kohlenstaub und Erstluft gut durcheinander gewirbelt, so kann es vorkommen, daß der Bedarf an Zweitluft Null wird. Es sind aber, bei Drehofenfeuerungen der Zementindustrie beispielsweise, Fälle vorliegend, wo der Bedarf an Zweitluft bis zu 30% der Erstluftmenge betrug. Nur von Fall zu Fall kann hier entschieden werden, ein Rezept für jeden Betriebszustand läßt sich im voraus nicht geben, zumal Brennerformen, Feuerräume, Belastungen u. a. m. eine viel größere Rolle spielen als der Brennstaub selbst. Während die rostlosen Kohlenstaubfeuerungen mit einem erst herzustellenden Brennstaub arbeiten, benutzen die ebenfalls rostlosen Streufeuerungen der Ringöfen eben sowohl Staubkohlen 0/10 mm als auch Grieß- und Erbskörnungen, verwenden also Förderanteile der Steinkohlengruben Oberschlesiens von 25 mm Körnung abwärts bei Benutzung mechanischer Beschickung. Steinkohlensorten bis zu 80 mm Korngröße werden ferner für den gleichen Zweck benutzt, soweit die Streuung der Steinkohlen über irgendein zu brennendes Gut, z. B. Kalksteine, von Hand aus erfolgt. Neuerdings macht sich das Bestreben bemerkbar, mit Feinstaub, Sichterstaub, in Körnungen von 0/3 mm zu arbeiten, also mit Staubkohlensorten, welche grubenmäßig als letzte Förderanteile vorliegen und nicht erst in besonderen Mahlanlagen hergestellt werden müssen. Danach besitzen Streufeuerungen Vorrichtungen, mit denen Steinkohlen ohne besondere mechanische Einrichtungen in Wärme umgesetzt werden.

Zu erwähnen sind, wie schon vorher gezeigt, die Streubefeuerungen der Ringofenbetriebe in den Ziegeleien und Kalkbrennereien, bei welchen die Brennstoffzufuhr entweder von Hand oder über mechanische Aufgabeapparate erfolgt. Für jeden Ringofenbetrieb werden langflammige Brennstoffe, also Gasflammkohlen, allgemein benutzt. Der Brennraum, ausgestellt mit dem zu brennenden Gut, muß Verbrennungsgasabzüge mit genügenden Querschnitten aufweisen, damit entsprechend der Gasgiebigkeit der benutzten Steinkohlen ein widerstandsloses Abziehen möglich wird. Um die Leistungsfähigkeit eines beliebigen Brennraumes zu erhöhen, wird oftmals dieser Forderung nicht genügend Rechnung getragen und letzten Endes unter Umständen auf Kosten der Güte des Brennguts die Durchsatzmenge erhöht.

Da der gesamte Aschengehalt im Brennraum verbleibt, muß das Bestreben auf Verwendung möglichst aschenarmer Sorten gerichtet sein. Da andererseits feinkörnige Steinkohlen schneller in Wärme umsetzbar sind als grobkörnigere, der Aschenanteil im Feinkorn aber größer als im Grobkorn ist, muß sicher unterschieden werden, in welchem günstigsten Verhältnis Güte und Menge der Fertigware zueinander stehen. Damit im Zusammenhang befindet sich auch das vorher erwähnte Bestreben der Feinstaubverwendung; wird dieser aus aschenarmen Steinkohlensorten, also aus mehr oder minder groben Körnungen, hergestellt, so ist auch der Feinstaub aschearm. Nimmt man aber nur Feinstaub als Windsichterprodukt, so muß man damit rechnen, hier einen Höchstgehalt an Asche vorzufinden. So ergeben dann größere Durchsatzmengen auch größere Mengen an Schmolz. Hand in Hand mit der Zunahme des Aschengehalts von Steinkohlen für die Streufeuerungen gehen auch die sog. Verflammungen des Brennguts. Man versteht darunter das fleckige Aussehen von Ziegeln, die unter Umständen auch Ausblühungen aufweisen und die aus dem Flugstaub der Steinkohlenaschen herrühren. Jedoch einseitig den Aschengehalt der Steinkohlen, oder, was ohne jede Begründung am meisten genannt wird, den Schwefelgehalt derselben als alleinige Ursache hinzustellen, würde jede Einsicht von vornherein hemmen oder gar verschließen. Es liegen immer Reaktionen zwischen dem zu brennenden Ton und den Verbrennungsgasen vor; die Wechselwirkung beider aufzuheben erfordert die Kenntnis aller möglichen Ursachen, also z. B. die Zusammensetzung des Tones (Kalk- und Magnesiumsulfatgehalt), die Gasgeschwindigkeit als Ursache des Flugstaubtransports in den Zügen des Brennguts u. a. m. Immer wieder aber besteht als Ursache solcher Fehlbrände das Verlangen, im billigsten Brennstoff die gleichen Eigenschaften vorzufinden wie in den weniger billigen, sortierten Steinkohlensorten. Damit wird die Beseitigung von Schmolz und Verflammungen oftmals keine brenntechnische sondern eine Angelegenheit des Steinkohlenpreises, wobei der Irrtum unterläuft, daß der billigste Tonnenpreis auch die besten Eigenschaften im Brennstoff bedingt.

11. Der Betrieb von Gasgeneratoren bei Benutzung von Steinkohlen Oberschlesiens.

Der Gasgeneratorbetrieb fordert von den Steinkohlen ziemlich viele Eigenheiten, die nicht immer beisammen sind. Im Feuer bei höheren Temperaturen muß ein Zusammenbacken der Steinkohlen unterbleiben, möglichst viele Gasmengen sollen allein durch Entgasung gleichmäßig erzeugt werden, der verbleibende Koks jedoch muß leicht vergasbar sein und schließlich wird von den Rückständen gefordert, daß eine Verschlackung und Verklumpung ausbleibt. Alle Bedingungen restlos zu erfüllen, wird nicht immer gelingen und die Einrichtungen der Gaserzeuger müssen dann helfen, um einen möglichst reibungslosen Betrieb zu erhalten.

Vom feuerungstechnischen Standpunkt aus gesehen muß man zwei Bauanordnungen auseinanderhalten, weil diese wesentlich die Betriebsweise und die Kohlenkorngröße beeinflussen:

a) Gaserzeuger mit feststehendem Rost oder mit behelfsmäßig hergerichtetem Notrost und

b) Gaserzeuger mit drehendem Rost, welcher die Aschenrückstände tangential aus dem Generatorschacht drückt.

Die Gaserzeuger mit festen Rosten, welcher horizontal oder in irgendeinem Neigungswinkel zur Waagerechten angeordnet sind, erfordern grobstückigen Brennstoff, d. h. Stück- oder Würfelkohlen; das gleiche gilt von rostlosen Generatoren, welche beim Ascheaustragen gegebenenfalls mit einem schnell einschiebbaren und auch entfernbaren Notrost arbeiten. Die Bedienungsweise solcher Generatoren ist einfach, es gelingt aber nicht immer, in gewünschter Weise auf die Betriebsweise einzuwirken. Diese älteste Gasgeneratorenform arbeitet lediglich als Luftgaserzeuger durch Benutzung des freien Sauerstoffs aus der Luft, wobei die gewonnene Wärme aus dem direkten Verbrennungsprozeß zur Einleitung von Schwelvorgängen, also Entgasungen des frisch aufgegebenen und über der Glut liegenden Brennstoffs, ausgenutzt wird. Dementsprechend enthält auch das gewonnene Gas viel Entgasungsstoff, welches durch die Beimischung der aus der direkten Verbrennung stammenden Gasmengen wie Kohlendioxyd, Stickstoff und freien Sauerstoff verdünnt wird. Meist arbeiten diese Gasgeneratoren mit natürlichem Auftrieb und sind zwangsläufig z. B. an einen Glasschmelzofen angeschlossen. Trifft man regelbare Verschlüsse zum Rostraum an, so gelingt es meist, in diese Wasserdampf zu blasen und damit teilweise Vergasungsreaktionen neben der vorhandenen Entgasung durchzuführen. In den weitaus meisten Fällen aber besorgt lediglich ein unter dem Rost angeordnetes und mit Wasser gefülltes Becken, ein Wasserschiff, für Rostkühlung und auch zur Durchführung von Wassergasreaktionen, die jedoch nur in ganz bescheidenem Maße auftreten. Läßt die aus der Entgasungsphase stammende Gasmenge nach, so wird der Gasgeneratorschacht geräumt, abgeschlackt und neuer Brennstoff nachgefüllt. Der Verlust an Koks in den Rückständen ist bei diesem Verfahren außerordentlich groß, so daß man zur Ausklaubung schreitet und die Koksreste anderweitig verwendet. Der beste Entgasungsvorgang wird in den Gaswerken erhalten und soll nur erwähnt werden als Begleiterscheinung der Gasgeneratorprozesse, wenn auch hierbei durch die abgeschlossene Anordnung der Steinkohlen eine Verdünnung der Entgasungsmengen durch Verbrennungsgase aus der direkten Verbrennung nicht auftritt.

Nun kann man Kohlenstoff, der nach der Entgasung oder Schwelung übrigbleibt, durch gebundenen Sauerstoff in Form von Wasserdampf ebenfalls vergasen. Dabei entstehen Kohlenoxyd, Kohlendioxyd und Wasserstoff in wechselnden Mengen, je nach dem Verhältnis der zur Vergasung benutzten Wasserdampf- und Luftmenge, den vorhandenen Temperaturen und der benutzten Steinkohlen Oberschlesiens. Diese Mischvergasung — erst Abschwelen, Entgasen der Kohle, dann Vergasung des verbleibenden Kokses — wird in den allermeisten Gasgeneratoren durchgeführt und das erhaltene Generatorgas kann als ein Mischgas angesprochen werden.

Die Gassinter- und Gasflammkohlen Oberschlesiens enthalten große Mengen abschwelbaren Gases, in welchem je nach Temperaturhöhe kondensierbare Dämpfe oder Teernebel enthalten sind. Geht die Entgasung stürmisch vor sich und kühlen die anfänglich heißen Gasleitungen schnell ab, so erlebt man eine Kondensation der soeben obenerwähnten Dämpfe aus dem Generatorgas, die Rohrleitungen für den Gastransport verteeren. Bläst man andererseits viel Luft und wenig Wasserdampf zum glühenden Koks im Gasgenerator, so verbrennt schon am Erzeugungsort des Mischgases ein Teil desselben, das Generatormischgas wird durch Verbrennungsabgas verdünnt und mit kleinem Heizwert versehen an seinen wirklichen Verbrennungsort gebracht, womit ein heißgehender Gasgenerator bei schlechtem Wirkungsgrad vorliegt. Hier ist es nun angebracht, auf den Chemismus der Vergasung etwas näher einzugehen.

Als Ausgang stöchiometrischer Rechnungen dient der Kohlenstoff, den man, wie schon erwähnt, entweder mit freiem Sauerstoff aus der Luft oder aber mit gebundenem Sauerstoff aus Wasser in flüssiger Form oder als Dampf vergast. Dabei können erhalten werden bei freiem Sauerstoff:

$$C + O_2 = CO_2$$
$$CO_2 + C = 2\,CO.$$

Es wird also zuerst Kohlendioxyd entstehen, welches in Gegenwart von Kohlenstoff in Kohlenoxyd übergeführt wird. Bei gebundenem Sauerstoff erhält man:

$$C + H_2O = CO + H_2$$
$$C + 2\,H_2O = CO_2 + 2\,H_2,$$

das sind die ortsüblichen Wassergasprozesse welche je 1 kg C

3,77 m³ Gas mit 49,3 Vol.-% CO und 50,7 Vol.-% H_2

oder

5,57 m³ Gas mit 33,2 Vol.-% CO_2 und 66,8 Vol.-% H_2

liefern. Im Gaserzeuger laufen alle diese Reaktionen nebeneinander her, so daß man annähernd mit einem Prozeß der Mischvergasung nach dem Schema

$$3\,C + O_2 + 2\,H_2O = CO_2 + 2\,CO + 2\,H_2$$

rechnen kann.

1 kg Kohlenstoff, C
3,8 kg Luft und
1 kg Wasserdampf

geben hierbei 5,42 m³ Generatorgas von Normalbedingungen (Druck 760 mm, Temperatur 0° C), 1 m³ Generatorgas besitzt 1283 kcal unteren Heizwert; d. h. von den 8080 kcal des Kohlenstoffs erhält man $5{,}42 \cdot 1283 = 6954$ kcal = 86% in Form von Generatorgas wieder. Bei dieser Berechnung sind die Reaktionswärmen, die eine Temperaturerhöhung oder aber eine Abkühlung des Generatorgases mit sich bringen, nicht berücksichtigt worden. Für den Mischgasprozeß bleiben 1126 kcal übrig (8080—6954), das sind 14% vom Kohlenstoffheizwert. Unter Beachtung der spezifischen Wärme der Generatorgasbestandteile müßte dasselbe etwa 875° Temperatur besitzen, um die 14% Restwärmen unterzubringen. Im wirklichen Gasgeneratorbetrieb wird auch diese Temperatur erhalten, so daß der aufgezeigte Mischgasprozeß als tatsächlich bestehend angenommen werden kann.

Andere Reaktionen sind:

1. $C + 2\,H_2 = CH_4$
2. $CO + H_2O = CO_2 + H_2$
3. $CO + 3\,H_2 = CH_4 = H_2$
4. $CO_2 + H_2 = CO + H_2O$
5. $CO_2 + 4\,H_2 = CH_4 = 2\,H_2O$
6. $CO_2 = CH_4 = 2\,CO + 2\,H_2$
7. $CO_2 + H_2O = CO = 3\,H_2$
8. $CH_4 + 2\,H_2O = CO_2 + 4\,H_2,$

wobei vom Kohlenstoff über Kohlenoxyd, Kohlendioxyd und Methan unter Einsatz von Wasserstoff, Wasser oder Methan vielfache Wechselbeziehungen bestehen; teilweise werden dabei Wärmemengen gebunden (Nr. 2, 6, 7 und 8), teilweise werden aber auch Wärmemengen frei (Nr. 1, 3, 4 und 5).

Der Betrieb regelt die Mengen und Drücke der zuströmenden Luft und des Dampfes und läßt die Schütthöhen der zu vergasenden Steinkohlen wechseln, hiermit die Mittel besitzend, um einen gleichmäßigen Gasgeneratorprozeß bei einzuhaltenden Gasmengen je Zeiteinheit zu erhalten. Auskunft über die Wirkungsweise der Regelung innerhalb der genannten Zustände gibt die Zusammensetzung des Generatorgases. Erkannt wird hierbei auch leicht das Vorhandensein von Oberfeuer, wobei ein Teil des Generatorgases im Gaserzeuger nicht am dafür bestimmten Ort verbrennt und als Kohlendioxyd nachgewiesen wird.

Die Gasmengenleistung wird auch noch beeinflußt durch die Korngrößen der benutzten Steinkohlen, durch ihr Backvermögen im Feuer und durch das Verhalten der Aschen. Hier setzt die Stocharbeit ein, welche ein gleichmäßiges Gaserzeugen durch Schaffung eines für Luft und Dampf durchlässigen Brennstoffbetts erreicht. Wird von Hand gestocht, so muß diese schwere Arbeit mit der gleichen Sorgfalt wie bei den handbeschickten Feuerungen ausgeführt werden. Bei mechanisch arbeitender Stochung wird auf leichtere Weise der erstrebte günstige Zustand des Brennstoffbetts erhalten und meist hängt der Wirkungsgrad eines Gaserzeugers mehr hiervon als von der Beschaffenheit der Steinkohlen ab. Da die Steinkohlen Oberschlesiens meist wenig oder nichtbackender Natur sind, wird die Stocharbeit im Gasgenerator mit nicht allzuviel Zeitaufwand durchführbar. Für die zu benutzende Körnung der Steinkohlen Oberschlesiens müssen auch etwa vorhandene Abhängigkeiten von Beschickungseinrichtungen als Kohlenzufuhr zum Gaserzeuger und als Begichtungseinrichtung für diesen selbst beachtet werden.

Der Querschnitt des Gaserzeugers und seine Leistung stellen die anderen Faktoren der Kohlenkornauswahl dar. Steinkohlensorten, wie Nuß I b und Mittelsorten wie Nuß II, also etwa 25/45 mm Körnung, finden meist Anwendung; selbstverständlich sind Nuß I- oder Würfel II-Sorten auch benutzbar, wenn die soeben erwähnten zwangsläufigen Einschränkungen nicht vorliegen.

Förder- oder Kleinkohlen zu empfehlen, ist nicht angängig und ergibt auch meist, wärmebilanzmäßig betrachtet, weniger gute Ergebnisse, weil der Staubanteil als Flugkoks oder Flugkohle wohl an der Entgasungsarbeit teilnimmt, dann aber mit seinem ganzen Heizwertbetrag verlustbringend und Rohrleitungen verstopfend mit dem Gasstrom aus dem Generator entführt wird. Ähnliche Überlegungen kann man anstellen, wenn man die Verwendung von Erbs-, Grieß- oder Staubsorten betrachtet. Die Leistung an durchgebrachter Kohle je Zeiteinheit und damit auch der Gasmenge fällt mit der Korngrößenverkleinerung stark ab. Trotzdem kann man einen größeren Kohlendurchsatz z. B. mit Erbskohlen 15/25 mm erzwingen, und zwar durch Vermehrung der Spannungen am Wasserdampf und an der Luft, muß aber damit eine stärkere Flugaschenverlegung der Gasleitung und eine schwer zu säubernde Verteerung in Kauf nehmen, so daß die Preisspanne zwischen Nuß Ib- und Erbssorten beispielsweise für das Erbssortiment oftmals letzten Endes trotz geringeren Kohlenpreises ungünstig wird.

Ein Beispiel soll diesen Abschnitt beenden, wobei zugleich über die Wärmeverteilung Auskunft gegeben wird:

Gaserzeugerschachtfläche, Durchmesser . . . . . . 3,0 m
Gaserzeugerquerschnitt . . . . 7,1 m^2
Steinkohlen Oberschlesiens, Nuß Ib, 25/40 mm Korngröße
Wassergehalt . . . . 5,2 %
Aschengehalt . . . . 7,5 %
Flüchtige Bestandteile ohne Wasser . . . . 32,6 %
Oberer Heizwert . . . . 7230 kcal
Unterer Heizwert . . . . 6960 kcal
Kohlenstoff . . . . 72,45 %
Wasserstoff . . . . 5,03 %
Schwefel, verbrennlich . . . . 0,60 %
Wasser . . . . 5,20 %
Asche . . . . 7,50 %
Sauerstoff und Stickstoff als Differenz . . . . . . 9,22 %
Aschen im Betrieb, trocken gewogen . . . . . . 5,92 %
Unterer Heizwert derselben . . . . 830 kcal
Steinkohlendurchsatzmenge je Stunde . . . . . . 1047 kg
Steinkohlendurchsatzmenge je m^2 Schachtfläche . . 148 kg
Generatorgas, Zusammensetzung:
Kohlendioxyd . . . . 2,04 Vol.-% CO_2
Kohlenoxyd . . . . 31,14 Vol.-% CO_2
Wasserstoff . . . . 11,23 Vol.-% H_2
Methan . . . . 2,69 Vol.-% CH_4

Unterer Gasheizwert je Nm^3	1465 kcal/m^3
Menge je 1 kg Steinkohle	3,48 Nm^3
Gasteergehalt je Nm^3	12 g/Nm^3
Luftmenge, stündlich	2480 Nm^3
Dampfmenge, stündlich	275 kg
Temperatur des Gemisches Luft-Dampf unter Rost	48° C
Druck unter dem Rost	132 mm WS
Gasdruck am Stochloch	97 mm WS
Generatorgastemperatur, Austritt Gaserzeuger	584° C

Läßt man die Eigenwärme des Luft-Dampfgemisches fort, so erhält man als Wärmeverteilung im Gaserzeuger je 1 kg Steinkohlen:

$$\begin{array}{ll} \text{im Generatorgas} \ldots . \;\; 5098 \text{ kcal} = \\ \text{in der Gaseigenwärme} \;. \;\;\; 692 \text{ kcal} = \end{array} \Big\} \text{ zusammen } 5790 \text{ kcal,}$$

das sind 83% vom eingebrachten Steinkohlenheizwert. Erwähnt sei noch, daß zur Gasmengenberechnung je 1 kg durchgesetzter Steinkohle von den Formeln (19) und (20) Gebrauch gemacht wurde.

12. Lagerung von Steinkohlen Oberschlesiens.

Eine gleichbleibende und störungsfreie Zuführung von Steinkohlen nach den Verbraucherstellen ist aus mancherlei Gründen nicht durchführbar, so daß die Lagerhaltung zur unbedingten Notwendigkeit wird, trotzdem mit der Bevorratung gewisse Nachteile verbunden sind. Als solche lassen sich nennen die Unkosten der Lagerhaltung, die damit einsetzenden Wertverluste der Kohlen und gegebenenfalls bei Lagerbränden vorher nicht übersehbare Verluste an Geld und an Gut. Diese Tatsachen machen es notwendig, der Lagerhaltung von Steinkohlen besondere Aufmerksamkeit zuzuwenden. Um hier möglichst fehlerfrei vorzugehen, ist das Verhalten von Steinkohlen bei der Lagerung im freien oder im überdachten und geschlossenen Zustand kenntlich zu machen.

Auf Grund aller vorliegenden Erfahrungen kann als einwandfrei angesehen werden, daß frisch geförderte Steinkohlen, welche zur Lagerung kommen, aus der Luft Sauerstoff aufnehmen und hierdurch Änderungen erfahren. Für den Lagerhalter ist es völlig gleich, welche Anteile in den Kohlen diese Umformung veranlassen, also ob z. B. Kohlenwasserstoffe in ungesättigter Bindung oder Schwefelkiese als zusätzliche Aschenbestandteile hieran beteiligt sind. Für ihn besteht lediglich die Tatsache, daß durch die Sauerstoffaufnahme seiner lagernden Steinkohlen Minderungen des

Heizwerts, des Gasgehalts und der Verkokbarkeit auftreten, und daß das Gewicht der Lagermenge eine Änderung erfährt. Dabei kommt noch hinzu, daß eine Erwärmung der Steinkohlenhaufen eintreten kann, die sich gegebenenfalls, bis zur Selbstentzündung steigert. Es erübrigt sich auch, besondere Eigenschaften an die einzulagernden Steinkohlen vom Lieferer zu fordern, einfach deshalb, weil diese nicht erfüllbar sind; eine Auswahl an Kohlen, die verlust- und gefahrlos lagern, gibt es nicht. Jede Steinkohle hat Neigung, durch Selbstoxydation warm zu werden und schließlich durch Selbstentzündung an Orten zu verbrennen, die dafür nicht vorgesehen sind. Bei richtiger Lagerhaltung jedoch kann dieser nicht fortzuschaffenden Eigentümlichkeit ihre Gefährlichkeit genommen werden.

Was man früher, gestützt auf Gutachten autoritärer Persönlichkeiten verlangte, hat sich durchweg als belanglos ausgewiesen, z. B. die Anschauung des großen Justus Liebig:

„daß aus allen vorhandenen Erfahrungen deutlich hervorgehe, daß die Selbstentzündlichkeit von Steinkohlen auf ihren Gehalt an Schwefeleisen beruht",
„daß ohne Gegenwart von Wasser (Nässe oder feuchtes Lager) kaum eine Selbstentzündung beobachtet wurde" usw.

Heute beachtet man den Schwefelkiesgehalt kaum, auch ist es bekannt, daß gerade die Naßhaltung das billigste und wirksamste Mittel zur Bekämpfung schädlicher Erwärmung lagernder Steinkohlen abgibt. Am besten ist es, als Vorbild die natürliche Lagerung der Steinkohlen im Flöz auszuwählen und nach diesem Modell zu verfahren. Das wesentlichste der im unverritzten Feld lagernden Steinkohle ist ihr Abschluß vor atmosphärischer Luft und ihre dichte, keine leeren Zwischenräume aufzeigende Häufung im Flöz; diese Anordnung muß also nachgemacht werden. Allgemein gesehen wird die Lagerung von Steinkohlen über Tage bedingt durch die Art der Entlade- und Fördereinrichtungen auf den Lagerplätzen. Großkohlenverbraucher, wie Elektrizitäts- oder Gaswerke, die meist über technisch vollendete Belade- und Entlademaschinen verfügen, lagern ihre Steinkohlen nach anderen Grundsätzen als ein Verbraucher kleinerer Mengen, der beispielsweise vom Eisenbahnwagen über einen Gurtförderer vielleicht nicht höher als 2 m Lagerhöhe Steinkohlen absetzen kann. Hierbei ergeben sich große Verschiedenheiten, bei denen jedoch immer das vorher aufgezeigte natürliche Lagern der Steinkohlen im

Lagerung von Steinkohlen Oberschlesiens. 55

Flöz nachgeahmt werden kann. Wegen dieser wechselnden Bedingungen lassen sich Lagervorschriften umfassender Anordnung nicht geben, es gelingt nur, das allen verschiedenen Lagerarten gemeinsam Notwendige zusammenzufassen. Zu beachten ist lediglich die Forderung, die Steinkohlenmengen möglichst vor Sonneneinstrahlung geschützt, dicht und ohne Zwischenräume zur Verhinderung des Luftzutritts mit denkbar kleinster Oberfläche in Schütthöhen aufzuwerfen, welche ohne weiteres von Hand oder Maschine auf dem Lagerplatz im Bedarfsfall schnell abgetragen werden können; eine andere Begrenzung der Schütthöhen in feststehenden Abmessungen ist nicht vertretbar.

Um diese allgemeinen Bedingungen für die Einlagerung von Steinkohlen erfüllen zu können, müssen nachfolgende Leitsätze bei jeder Art von Lagerung beachtet werden:

1. Bei Grobkohlensorten wie Stück- und Würfelkohlen, müssen Korngrößenunterschiede möglichst vermieden werden und Unterkornsorten, die durch Zertrümmerung entstanden sind, von der Einlagerung ausgeschlossen bleiben. Eine dichte Verpackung an der äußeren Stapeloberfläche durch gleichmäßig große Stücke in senkrechter Form, ist herbeizuführen.

2. Förder- oder Kleinkohlen, deren wechselnde Mengen verschieden großer Korngrößen zum äußeren Bestand dieser Sorten gehören, sind so zu lagern, daß eine Korngrößenentmischung möglichst vermieden wird. Erreicht wird dieser Zustand durch Lagerung hinter Holz- oder Steinwänden usw., die in Höhen bis zu 2 m aufzufüllen sind; Auslässe für Wasser müssen in der der Lagermenge entsprechenden Anzahl angebracht werden.

3. Nuß- und Erbskohlensorten lagern in ihrem natürlichen Böschungswinkel, der bei etwa 40° liegt.

4. Grieß- und Staubkohlensorten werden, wie unter 2. ausgeführt, ebenfalls am besten hinter Wänden bunkerartig gestürzt und gelagert.

5. Für alle unter 1. bis 4. genannten Korngrößensorten soll die Einlagerung mit Endigung der Lagermenge in spitze Kegel möglichst vermieden werden. Eine abgestumpfte Pyramide besitzt das günstigste Verhältnis zwischen Oberfläche und Steinkohlengewichtsmenge. Die Kohlenaufgabe erfolgt immer über die ganze Fläche schichtenweise.

An den Lagerplatz werden folgende Bedingungen gestellt:

6. Abgaskanäle mit Verbrennungsgasen höherer Temperatur sollen auf den Lagerplätzen nicht vorhanden sein; ebenso müssen dem Lagerplatz Dampfrohrleitungen ferngehalten werden.

7. Hydranten mit Druckwasseranschluß und passenden Schlauchleitungen müssen vorhanden sein, um Erwärmungen in Kohlenstapeln auf niedrige Temperaturen zu bringen oder aber um Staubkohlen z. B. zur besseren Eindichtung wässern zu können. So eingelagerte Kohlenmengen müssen in ihrem Verhalten an der Luft ständig kontrolliert werden. Regelwidrigkeiten können schon ohne Meßinstrumente erkannt werden, jedoch ist es dann meist schon soweit gediehen, daß ein Selbstentzündungsnest vorliegt, welches unbedingt ausgetragen werden muß. Als äußere Zeichen hierfür können genannt werden: Dampfschwaden und Gerüche nach Karbolsäure, Naphthalin usw., typische „Gasanstaltsgerüche".

Die Kontrolle über Instrumente wird so durchgeführt:

8. Der Kohlenstapel muß ständig auf seine Innentemperatur untersucht werden. Zu diesem Zweck werden etwa von 5 zu 5 m Rohre mit 20 bis 25 mm lichtem Durchmesser bis über die Mitte des Stapels gestoßen, die unten zur Verhinderung von Kohleneintritt wohl verschlossen, jedoch am Rohrumfang mit 5 mm Löchern in 3 bis 4 Lochreihen übereinander versehen sind. Ein dünnes, kleine Quecksilbermenge haltendes und damit empfindliches Einschlußthermometer mit Papierskala von 0 bis $100°$ C in ganze Grade geteilt und in Metallhülse befindlich, wird an dünner Kette bis zu den Lochreihen der Röhren versenkt, die oben mit einem Deckel verschlossen sind.

Ein Beobachtungsbuch enthält die täglich oder zweitägig aufgenommenen Temperaturaufzeichnungen und gibt Auskunft über den Temperaturverlauf im Kohlenstapel.

Temperaturen ab $60°$ C sind Warnungszeichen.

Entweder werden diese Partien abgetragen und entfernt oder aber, namentlich bei Staubsorten, durch Einwässerung in ihren Temperaturen herabgesetzt.

Diese Leitsätze haben sowohl Gültigkeit für die Freilagerung als auch für die Bunkerlagerung der Steinkohlen Oberschlesiens, weil grundsätzliche Verschiedenheiten hierbei nicht vorhanden sind.

Tabellen-Anhang.

Tabellen-Anhang.

Tabelle 1. Kon-

1.	Namen		Kohlenstoff	Wasserstoff
2.	Molekulargewicht		12	2
	Zusammensetzung für 1 kg:			
3.	Kohlenstoff	kg	1,00	—
4.	Wasserstoff	kg	—	1,00
5.	Sauerstoff	kg	—	—
6.	Stickstoff	kg	—	—
7.	Kohlenstoff	Gew.-%	100	—
8.	Wasserstoff	Gew.-%	—	100
9.	Sauerstoff	Gew.-%	—	—
10.	Stickstoff	Gew.-%	—	—
11.	Oberer Heizwert	kcal	8080	34166
12.	Unterer Heizwert	kcal	8080	28766
13.	Verbrennungsgleichung		$C + O_2 = CO_2$	$H_2 + O = H_2O$
14.	Zur Verbrennung erforderlich an Gasraumteilen		—	2
15.	Sauerstoffraumteilen		—	1
16.	Nach der Verbrennung vorhanden an Kohlendioxydraumteilen		—	—
17.	Wasserraumteilen		—	2
	Luftmenge zur Verbrennung von			
18.	1 kg: in kg	kg	11,46	34,48
19.	m³	m³	8,88	26,72
	Verbrennungsgasmenge von 1 kg			
20.	in kg	kg	12,46	35,48
21.	m³	m³	8,88	32,33
	Verbrennungsgaszusammensetzung			
22.	für 1 kg: Kohlendioxyd	kg	3,66	—
23.	Wasser	kg	—	9,00
24.	Stickstoff	kg	8,80	26,48
25.	Kohlendioxyd	Gew.-%	29,4	—
26.	Wasser	Gew.-%	—	25,4
27.	Stickstoff	Gew.-%	70,6	74,6
28.	Kohlendioxyd	m³	1,86	—
29.	Wasser	m³	—	11,22
30.	Stickstoff	m³	7,02	21,11
31.	Kohlendioxyd	Vol.-%	21,0	—
32.	Wasser	Vol.-%	—	34,7
33.	Stickstoff	Vol.-%	79,0	65,3
34.	1 kg hat Volum	m³	—	11,235

Tabellen-Anhang.

stanten für 1 kg.

Sauerstoff 32	Stickstoff 28	Kohlenoxyd 28	Kohlendioxyd 44	Methan 16	Äthylen 28	Wasserdampf 18	Luft —
—	—	0,428	0,272	0,748	0,857	—	—
—	—	—	—	0,252	0,143	0,111	—
1,00	—	0,572	0,572	—	—	0,889	0,232
—	1,00	—	—	—	—	—	0,768
—	—	42,8	27,2	74,8	85,7	—	—
—	—	—	—	25,2	14,3	11,1	—
100	—	57,2	72,8	—	—	88,9	23,2
—	100	—	—	—	—	—	76,8
—	—	2442	—	13 333	12 144	—	—
—	—	2442	—	11 983	11 364	—	—
—	—	$CO+O=$ CO_2	—	$CH_4+2O_2=$ CO_2+2H_2O	$CH_4+3O_2=$ $2CO_2+2H_2O$	—	—
—	—	2	—	2	2	—	—
—	—	1	—	4	6	—	—
—	—	2	—	2	4	—	—
—	—	—	—	4	4	—	—
—	—	2,46	—	17,23	14,78	—	—
—	—	1,90	—	13,35	11,45	—	—
—	—	3,46	—	18,23	15,78	—	—
—	—	2,31	—	14,75	12,25	—	—
—	—	1,57	—	2,75	3,17	—	—
—	—	—	—	2,25	1,30	—	—
—	—	1,89	—	13,23	11,31	—	—
—	—	45,4	—	15,1	20,1	—	—
—	—	—	—	12,3	8,2	—	—
—	—	54,6	—	72,6	71,7	—	—
—	—	0,80	—	1,40	1,60	—	—
—	—	—	—	2,80	1,60	—	—
—	—	1,51	—	10,55	9,05	—	—
—	—	34,6	—	9,6	**13,1**	—	—
—	—	—	—	18,9	**13,1**	—	—
—	—	65,4	—	71,5	73,8	—	—
0,699	0,797	0,800	0,508	1,398	0,800	1,243	0,775

Fuchs, Feuerungstechnik.

60   Tabellen-Anhang.

Tabelle 2. Kon-

	1. Namen		Wasserstoff	Sauerstoff
2.	Molekulargewicht		2	32
	Zusammensetzung für 1 m³:			
3.	Kohlenstoff	kg	—	—
4.	Wasserstoff	kg	0,089	—
5.	Sauerstoff	kg	—	1,430
6.	Stickstoff	kg	—	—
7.	Kohlenstoff	Gew.-%	—	—
8.	Wasserstoff	Gew.-%	100	—
9.	Sauerstoff	Gew.-%	—	100
10.	Stickstoff	Gew.-%	—	—
11.	Oberer Heizwert	kcal	3041	—
12.	Unterer Heizwert	kcal	2561	—
13.	Verbrennungsgleichung		$H_2 + O = H_2O$	—
14.	Zur Verbrennung erforderlich an Gasraumteilen		2	—
15.	Sauerstoffraumteilen		1	—
	Nach der Verbrennung vorhanden an			
16.	Kohlendioxydraumteilen		—	—
17.	Wasserraumteilen		2	—
	Luftmenge von 1 m³ zur Verbrennung			
18.	in kg	kg	3,07	—
19.	m³	m³	2,38	—
	Verbrennungsgasmenge von 1 m³			
20.	in kg	kg	3,16	—
21.	m³	m³	2,88	—
	Verbrennungsgaszusammensetzung für			
22.	1 m³: Kohlendioxyd	kg	—	—
23.	Wasser	kg	0,80	—
24.	Stickstoff	kg	2,36	—
25.	Kohlendioxyd	Gew.-%	—	—
26.	Wasser	Gew.-%	25,4	—
27.	Stickstoff	Gew.-%	74,6	—
28.	Kohlendioxyd	m³	—	—
29.	Wasser	m³	1,00	—
30.	Stickstoff	m³	1,88	—
31.	Kohlendioxyd	Vol.-%	—	—
32.	Wasser	Vol.-%	34,7	—
33.	Stickstoff	Vol.-%	65,3	—
34.	Gewicht für 1 m³	kg	0,089	1,430

Tabellen-Anhang.

stanten für 1 m³.

Stickstoff 28	Kohlenoxyd 28	Kohlendioxyd 44	Methan 16	Äthylen 28	Wasserdampf	Luft
—	0,536	0,536	0,536	1,072	—	—
—	—	—	0,179	0,179	0,089	—
—	0,715	1,430	—	—	0,715	0,300
1,255	—	—	—	—	—	0,991
—	42,8	27,2	74,8	85,7	—	—
—	—	—	25,2	14,3	11,1	—
—	57,2	72,8	—	—	88,9	23,2
100	—	—	—	—	—	36,8
—	3055	—	9537	15356	—	—
—	3055	—	8577	14216	—	—
—	$CO + O = CO_2$	—	$CH_4 + 2O_2$ $CO_2 + 2H_2O$	$C_2H_4 + 3O_2$ $2CO_2 + 2H_2O$	—	—
—	2	—	2	2	—	—
—	1	—	4	6	—	—
—	2	—	2	4	—	—
—	—	—	4	4	—	—
—	3,08	—	12,32	18,49	—	—
—	2,39	—	9,55	14,44	—	—
—	4,33	—	13,03	23,23	—	—
—	2,89	—	10,55	15,47	—	—
—	1,97	—	1,97	4,67	—	—
—	—	—	1,60	1,90	—	—
—	2,36	—	9,46	16,66	—	—
—	45,4	—	15,1	20,1	—	—
—	—	—	12,3	8,2	—	—
—	54,6	—	72,6	71,7	—	—
—	1,00	—	1,00	2,03	—	—
—	—	—	2,00	2,03	—	—
—	1,89	—	7,55	11,41	—	—
—	34,6	—	9,6	13,1	—	—
—	—	—	18,9	13,1	—	—
—	65,4	—	71,5	73,8	—	—
1,255	1,251	1,966	0,715	1,251	0,804	1,291

Tabelle 3. Luftmengen zur Kohlenstoffverbrennung.

Kohlenstoff	$L_k = \dfrac{11{,}46\,C}{100}$ kg					$L_v = \dfrac{8{,}88\,C}{100}$ m³					Kohlenstoff
%	,0	,2	,4	,6	,8	,0	,2	,4	,6	,8	%
65	7,45	7,47	7,49	7,51	7,53	5,77	5,79	5,81	5,82	5,84	65
66	56	59	61	64	66	86	88	90	91	93	66
67	68	70	73	75	77	5,95	5,97	5,99	6,00	6,02	67
68	79	81	84	86	7,89	6,04	6,06	6,07	6,09	6,11	68
69	7,91	7,93	7,96	7,98	8,00	13	14	16	18	20	69
70	8,02	8,05	8,07	8,10	12	22	23	25	27	29	70
71	14	16	19	21	23	30	32	34	36	38	71
72	25	27	30	32	35	39	41	43	45	46	72
73	37	39	42	44	46	48	50	52	54	55	73
74	48	51	53	56	58	57	59	61	62	64	74
75	60	62	65	67	69	66	68	70	71	73	75
76	71	74	76	79	81	75	77	78	80	82	76
77	83	86	88	90	8,92	84	86	87	89	6,91	77
78	8,94	8,97	8,99	9,02	9,04	6,93	6,94	6,96	6,98	7,00	78
79	9,06	9,08	9,11	13	15	7,02	7,03	7,05	7,07	7,09	79
80	17	20	22	25	27	10	12	14	16	17	80
81	29	31	33	35	38	19	21	23	25	26	81
82	40	43	45	48	50	28	30	32	33	35	82
83	52	54	57	59	61	38	39	41	42	44	83
84	63	9,66	9,68	9,70	9,72	7,46	7,48	7,49	7,51	7,53	84
85	9,74					7,55					85

Tabelle 4. Luftmengen zur Wasserstoffverbrennung.

Disponibler Wasserstoff	$L_k = \dfrac{34{,}48\left(H - \dfrac{O}{8}\right)}{100}$ kg					$L_v = \dfrac{26{,}72\left(H - \dfrac{O}{8}\right)}{100}$ m³					Disponibler Wasserstoff
%	,00	,02	,04	,06	,08	,00	,02	,04	,06	,08	%
2,5	0,86	0,86	0,87	0,87	0,88	0,66	0,66	0,67	0,68	0,68	2,5
2,6	89	90	90	91	92	69	69	70	70	71	2,6
2,7	93	93	94	94	95	71	72	72	73	73	2,7
2,8	0,96	0,97	0,97	0,98	0,99	74	74	75	75	76	2,8
2,9	1,00	1,00	1,01	1,01	1,02	77	77	78	78	79	2,9
3,0	03	03	04	04	05	80	81	81	82	82	3,0
3,1	06	07	07	08	09	83	83	84	84	85	3,1
3,2	10	10	11	11	12	85	85	86	87	87	3,2
3,3	13	14	14	15	16	88	88	89	89	90	3,3
3,4	17	17	18	18	19	90	90	91	92	92	3,4
3,5	20	20	21	21	22	93	93	94	95	95	3,5
3,6	23	24	24	25	26	96	97	0,97	0,98	0,98	3,6
3,7	27	27	28	28	29	0,99	0,99	1,00	1,00	1,01	3,7
3,8	30	31	31	32	33	1,02	1,02	03	03	04	3,8
3,9	34	35	35	36	37	04	05	05	06	06	3,9
4,0	38	38	39	39	40	07	07	08	09	09	4,0
4,1	41	1,42	1,42	1,43	1,44	10	1,10	1,11	1,11	1,12	4,1
4,2	1,45					1,12					4,2

Tabellen-Anhang.

Tabelle 5.
Kohlenstoff-Verbrennungsgasmenge in kg. $Vg_k = \dfrac{12{,}46\,C}{100}$.

C %	,0 CO_2	,0 N_2	,0 Σ	,2 CO_2	,2 N_2	,2 Σ	,4 CO_2	,4 N_2	,4 Σ	,6 CO_2	,6 N_2	,6 Σ	,8 CO_2	,8 N_2	,8 Σ
65	2,38	5,72	8,10	2,39	5,73	8,12	2,40	5,75	8,15	2,40	5,77	8,17	2,41	5,79	8,20
66	2,42	5,80	8,22	2,43	5,82	8,25	2,43	5,84	8,27	2,44	5,86	8,30	2,45	5,87	8,32
67	2,45	5,90	8,35	2,46	5,91	8,37	2,47	5,93	8,40	2,48	5,94	8,42	2,48	5,97	8,45
68	2,49	5,98	8,47	2,50	6,00	8,50	2,50	6,02	8,52	2,51	6,04	8,55	2,52	6,05	8,57
69	2,53	6,07	8,60	2,53	6,09	8,62	2,54	6,11	8,65	2,55	6,12	8,67	2,55	6,15	8,70
70	2,56	6,16	8,72	2,57	6,18	8,75	2,58	6,19	8,77	2,59	6,21	8,80	2,59	6,23	8,82
71	2,60	6,25	8,85	2,61	6,26	8,87	2,62	6,28	8,90	2,62	6,30	8,92	2,63	6,32	8,95
72	2,64	6,33	8,97	2,65	6,35	9,00	2,65	6,37	9,02	2,66	6,39	9,05	2,67	6,40	9,07
73	2,68	6,42	9,10	2,68	6,44	9,12	2,69	6,46	9,15	2,70	6,47	9,17	2,70	6,50	9,20
74	2,71	6,51	9,22	2,72	6,53	9,25	2,73	6,54	9,27	2,73	6,57	9,30	2,74	6,58	9,32
75	2,75	6,59	9,34	2,75	6,62	9,37	2,76	6,63	9,39	2,77	6,65	9,42	2,78	6,66	9,44
76	2,78	6,69	9,47	2,79	6,70	9,49	2,80	6,72	9,52	2,80	6,74	9,54	2,81	6,76	9,57
77	2,82	6,77	9,59	2,83	6,79	9,62	2,83	6,81	9,64	2,84	6,83	9,67	2,85	6,84	9,69
78	2,86	6,86	9,72	2,86	6,88	9,74	2,87	6,90	9,77	2,88	6,91	9,79	2,89	6,93	9,82
79	2,89	6,95	9,84	2,90	6,97	6,87	2,91	6,98	9,89	2,92	7,00	9,92	2,92	7,02	9,94
80	2,93	7,04	9,97	2,94	7,05	9,99	2,95	7,07	10,02	2,95	7,09	10,04	2,96	7,11	10,07
81	2,97	7,12	10,09	2,98	7,14	10,12	2,98	7,16	10,14	2,99	7,18	10,17	3,00	7,19	10,19
82	3,00	7,22	10,22	3,01	7,23	10,24	3,02	7,25	10,27	3,03	7,26	10,29	3,03	7,29	10,32
83	3,04	7,30	10,34	3,05	7,32	10,37	3,05	7,34	10,39	3,06	7,36	10,42	3,07	7,37	10,44
84	3,03	7,39	10,47	3,08	7,41	10,49	3,09	7,43	10,52	3,10	7,44	10,54	3,11	7,46	10,57
85	3,11	7,48	10,59												

Tabelle 6.
Kohlenstoff-Verbrennungsgasmenge in m³. $Vg_v = \dfrac{8{,}88\,C}{100}$.

C %	,0 CO_2	,0 N_2	,0 Σ	,2 CO_2	,2 N_2	,2 Σ	,4 CO_2	,4 N_2	,4 Σ	,6 CO_2	,6 N_2	,6 Σ	,8 CO_2	,8 N_2	,8 Σ
65	1,21	4,56	5,77	1,22	4,57	5,79	1,22	4,59	5,81	1,22	4,60	5,82	1,23	4,61	5,84
66	1,23	4,63	5,86	1,23	4,65	5,88	1,24	4,66	5,90	1,24	4,67	5,91	1,25	4,68	5,93
67	1,25	4,70	5,95	1,25	4,72	5,97	1,26	4,73	5,99	1,26	4,74	6,00	1,26	4,76	6,02
68	1,27	4,77	6,04	1,27	4,79	6,06	1,27	4,80	6,07	1,28	4,81	6,09	1,28	4,83	6,11
69	1,29	4,84	6,13	1,29	4,85	6,14	1,29	4,87	6,16	1,30	4,88	6,18	1,30	4,90	6,20
70	1,31	4,91	6,22	1,31	4,92	6,23	1,31	4,94	6,25	1,32	4,95	6,27	1,32	4,97	6,29
71	1,32	4,98	6,30	1,33	4,99	6,32	1,33	5,01	6,34	1,34	5,02	6,36	1,34	5,04	6,38
72	1,34	5,05	6,39	1,35	5,06	6,41	1,35	5,08	6,43	1,35	5,10	6,45	1,35	5,11	6,46
73	1,36	5,12	6,48	1,36	5,14	6,50	1,37	5,15	6,52	1,37	5,17	6,54	1,37	5,18	6,55
74	1,38	5,19	6,57	1,38	5,21	6,59	1,39	5,22	6,61	1,39	5,23	6,62	1,39	5,25	6,64
75	1,40	5,26	6,66	1,40	5,28	6,68	1,41	5,29	6,70	1,41	5,30	6,71	1,41	5,32	6,73
76	1,42	5,35	6,75	1,42	5,35	6,77	1,42	5,36	6,78	1,43	5,37	6,80	1,43	5,39	6,82
77	1,44	5,40	6,84	1,44	5,42	6,86	1,44	5,43	6,87	1,45	5,44	6,89	1,45	5,46	6,91
78	1,46	5,47	6,93	1,46	5,48	6,94	1,46	5,50	6,96	1,47	5,51	6,98	1,47	5,53	7,00
79	1,47	5,55	7,02	1,47	5,56	7,03	1,48	5,57	7,05	1,48	5,59	7,07	1,49	5,60	7,09
80	1,49	5,61	7,10	1,50	5,62	7,12	1,50	5,64	7,14	1,50	5,66	7,16	1,50	5,67	7,17
81	1,51	5,68	7,19	1,51	5,70	7,21	1,52	5,71	7,23	1,52	5,73	7,25	1,52	5,74	7,26
82	1,53	5,75	7,28	1,53	5,77	7,30	1,54	5,78	7,32	1,54	5,79	7,33	1,54	5,81	7,35
83	1,55	5,82	7,37	1,55	5,84	7,39	1,56	5,85	7,41	1,56	5,86	7,42	1,56	5,88	7,44
84	1,57	5,89	7,46	1,57	5,91	7,48	1,57	5,92	7,49	1,58	5,93	7,51	1,58	5,95	7,53
85	1,59	5,96	7,55												

Tabelle 7. Wasserstoff-Verbrennungsgasmenge in kg.

$$Vg_k = \frac{35{,}48\left(H - \frac{O}{8}\right)}{100}.$$

$\left(H-\frac{O}{8}\right)$ %	,00			,02			,04			,06			,08		
	H_2O	N_2	Σ	H_2O	N_2	Σ	H_2O	N_2	Σ	H_2O	N_2	Σ	H_2O	N_2	Σ
2,5	0,23	0,66	0,89	0,23	0,66	0,89	0,23	0,67	0,90	0,23	0,68	0,91	0,23	0,69	0,92
2,6	0,23	0,69	0,92	0,24	0,69	0,93	0,24	0,70	0,94	0,24	0,70	0,94	0,24	0,71	0,95
2,7	0,25	0,71	0,96	0,25	0,71	0,96	0,25	0,72	0,97	0,25	0,73	0,98	0,25	0,74	0,99
2,8	0,25	0,74	0,99	0,25	0,75	1,00	0,26	0,75	1,01	0,26	0,75	1,01	0,26	0,76	1,02
2,9	0,26	0,77	1,03	0,26	0,78	1,04	0,26	0,78	1,04	0,27	0,78	1,05	0,27	0,79	1,06
3,0	0,27	0,79	1,06	0,27	0,80	1,07	0,27	0,81	1,08	0,28	0,81	1,09	0,28	0,81	1,09
3,1	0,28	0,82	1,10	0,28	0,83	1,11	0,28	0,83	1,11	0,28	0,84	1,12	0,29	0,84	1,13
3,2	0,29	0,85	1,14	0,29	0,85	1,14	0,29	0,86	1,15	0,29	0,87	1,16	0,29	0,87	1,16
3,3	0,30	0,87	1,17	0,30	0,88	1,18	0,30	0,89	1,19	0,30	0,89	1,19	0,30	0,90	1,20
3,4	0,31	0,90	1,21	0,31	0,90	1,21	0,31	0,91	1,22	0,31	0,92	1,23	0,31	0,92	1,23
3,5	0,31	0,93	1,24	0,32	0,93	1,25	0,32	0,94	1,26	0,32	0,94	1,26	0,32	0,95	1,27
3,6	0,33	0,95	1,28	0,33	0,95	1,28	0,33	0,96	1,29	0,33	0,97	1,30	0,33	0,98	1,31
3,7	0,33	0,98	1,31	0,34	0,98	1,32	0,34	0,99	1,33	0,34	0,99	1,33	0,34	1,00	1,34
3,8	0,34	1,01	1,35	0,35	1,01	1,36	0,35	1,01	1,36	0,35	1,02	1,37	0,35	1,03	1,38
3,9	0,35	1,03	1,38	0,35	1,04	1,39	0,36	1,04	1,40	0,36	1,04	1,40	0,36	1,05	1,41
4,0	0,36	1,06	1,42	0,36	1,07	1,43	0,36	1,07	1,43	0,37	1,07	1,44	0,37	1,08	1,45
4,1	0,37	1,08	1,45	0,37	1,09	1,46	0,37	1,10	1,47	0,38	1,10	1,48	0,38	1,10	1,48
4,2	0,38	1,11	1,49												

Tabelle 8. Wasserstoff-Verbrennungsgasmenge in m³.

$$Vg_v = \frac{32{,}33\left(H - \frac{O}{8}\right)}{100}.$$

$\left(H-\frac{O}{8}\right)$ %	,00			,02			,04			,06			,08		
	H_2O	N_2	Σ	H_2O	N_2	Σ	H_2O	N_2	Σ	H_2O	N_2	Σ	H_2O	N_2	Σ
2,5	0,28	0,53	0,81	0,28	0,53	0,81	0,28	0,54	0,82	0,29	0,54	0,83	0,29	0,54	0,83
2,6	0,29	0,55	0,84	0,29	0,56	0,85	0,29	0,56	0,85	0,30	0,56	0,86	0,30	0,57	0,87
2,7	0,30	0,57	0,87	0,30	0,58	0,88	0,31	0,58	0,89	0,31	0,58	0,89	0,31	0,59	0,90
2,8	0,31	0,60	0,91	0,31	0,60	0,91	0,32	0,60	0,92	0,32	0,60	0,92	0,32	0,61	0,93
2,9	0,32	0,62	0,94	0,32	0,62	0,94	0,33	0,62	0,95	0,33	0,63	0,96	0,33	0,63	0,96
3,0	0,33	0,64	0,97	0,34	0,64	0,98	0,34	0,64	0,98	0,34	0,65	0,99	0,34	0,66	1,00
3,1	0,34	0,66	1,00	0,35	0,66	1,01	0,35	0,67	1,02	0,35	0,67	1,02	0,35	0,68	1,03
3,2	0,35	0,68	1,03	0,36	0,68	1,04	0,36	0,69	1,05	0,36	0,69	1,05	0,36	0,70	1,06
3,3	0,37	0,70	1,07	0,37	0,70	1,07	0,37	0,71	1,08	0,37	0,72	1,09	0,37	0,72	1,09
3,4	0,38	0,72	1,10	0,38	0,72	1,10	0,38	0,73	1,11	0,39	0,73	1,12	0,39	0,74	1,13
3,5	0,39	0,74	1,13	0,39	0,75	1,14	0,39	0,75	1,14	0,40	0,75	1,15	0,40	0,76	1,16
3,6	0,40	0,76	1,16	0,40	0,77	1,17	0,41	0,77	1,18	0,41	0,77	1,18	0,41	0,78	1,19
3,7	0,41	0,79	1,20	0,41	0,79	1,20	0,42	0,79	1,21	0,42	0,80	1,22	0,42	0,80	1,22
3,8	0,42	0,81	1,23	0,42	0,81	1,23	0,43	0,81	1,24	0,43	0,82	1,25	0,43	0,82	1,25
3,9	0,43	0,83	1,26	0,44	0,83	1,27	0,44	0,83	1,27	0,44	0,84	1,28	0,44	0,85	1,29
4,0	0,44	0,85	1,29	0,45	0,85	1,30	0,45	0,86	1,31	0,45	0,86	1,31	0,45	0,87	1,32
4,1	0,45	0,87	1,32	0,46	0,87	1,33	0,46	0,88	1,34	0,46	0,88	1,34	0,46	0,89	1,35
4,2	0,47	0,89	1,36												

Tabellen-Anhang. 65

Tabelle 9.
Mittlere spezifische Wärme $(c_p{}^\circ t)$ bei konstantem Druck.

t°	Wasserstoff H_2	Sauerstoff O_2	Stickstoff-Kohlenoxyd N_2CO	Kohlendioxyd CO_2	Wasserdampf H_2O	Methan CH_4	Äthylen C_2H_4	t°
0	3,4000	0,2125	0,2429	0,1877	0,4389	0,4812	0,3357	0
25	4075	2130	2434	1892	4418	4937	3455	25
50	4150	2134	2439	1907	4449	5062	3554	50
75	4225	2139	2445	1921	4478	5187	3652	75
100	4300	2144	2450	1936	4508	5312	3750	100
125	4375	2148	2455	1951	4538	5437	3848	125
150	4450	2153	2461	1966	4568	5562	3946	150
175	4525	2158	2466	1981	4598	5687	4045	175
200	4600	2162	2471	1995	4628	5812	4143	200
225	4675	2167	2477	2010	4658	5937	4241	225
250	3,4750	0,2172	0,2482	0,2025	0,4687	0,6062	0,4339	250
275	4825	2177	2487	2040	4717	6187	4437	275
300	4900	2181	2493	2054	4747	6312	4536	300
325	4975	2186	2498	2069	4777	6437	4634	325
350	5050	2191	2504	2084	4807	6562	4732	350
375	5125	2195	2509	2199	4837	6687	8430	375
400	5200	2200	2514	2213	4867	6812	4929	400
425	5275	2205	2520	2228	4897	6937	5027	425
450	5350	2209	2525	2243	4926	7062	5125	450
475	5425	2214	2530	2258	4956	7187	5233	475
500	3,5500	0,2219	0,2536	0,2272	0,4986	0,7312	0,5321	500
525	5575	2223	2541	2287	5016	7437	5420	525
550	5650	2228	2546	2302	5046	7562	5518	550
575	5725	2233	2552	2317	5076	7687	5616	575
600	5800	2237	2557	2332	5106	7812	5714	600
625	5875	2242	2562	2346	5135	7937	5812	625
650	5950	2247	2568	2361	5165	8062	5911	650
675	6025	2252	2573	2376	5195	8187	6009	675
700	6100	2256	2579	2391	5225	8312	6107	700
725	6175	2261	2584	2405	5255	8437	6205	725
750	3,6250	0,2266	0,2589	0,2420	0,5285	0,8562	0,6304	750
775	6326	2270	2595	2435	5315	8687	—	775
800	6400	2275	2600	2450	5344	8812	—	800
825	6475	2280	2605	2484	5374	8937	—	825
850	6550	2284	2611	2479	5404	9062	—	850
875	6625	2289	2616	2494	5434	9187	—	875
900	6700	2294	2621	2509	5464	9312	—	900
925	6775	2298	2627	2523	5494	9437	—	925
950	6850	2303	2632	2538	5524	9562	—	950
975	6925	2308	2637	2553	5553	9687	—	975

Tabelle 9 (Fortsetzung).

$t°$	Wasserstoff H_2	Sauerstoff O_2	Stickstoff-Kohlenoxyd N_2CO	Kohlendioxyd CO_2	Wasserdampf H_2O	Methan CH_4	Äthylen C_2H_4	$t°$
1000	3,7000	0,2312	0,2643	0,2568	0,5583	0,9802	—	1000
1025	7075	2317	2648	2582	5613	—	—	1025
1050	7150	2322	2654	2597	5643	—	—	1050
1075	7225	2327	2659	2612	5673	—	—	1075
1100	7300	2331	2664	2627	5703	—	—	1100
1125	7375	2336	2670	2642	5733	—	—	1125
1150	7450	2341	2675	2656	5762	—	—	1150
1175	7525	2345	2680	2671	5792	—	—	1175
1200	7600	2350	2686	2686	5822	—	—	1200
1225	7675	2355	2691	2701	5852	—	—	1225
1250	3,7750	0,2359	0,2696	0,2715	0,5882	—	—	1250
1275	7852	2364	2702	2730	5912	—	—	1275
1300	7900	2369	2707	2745	5942	—	—	1300
1325	7975	2373	2712	2760	5972	—	—	1325
1350	8050	2378	2718	2774	6001	—	—	1350
1375	8125	2383	2723	2789	6031	—	—	1375
1400	8200	2387	2729	2804	6061	—	—	1400
1425	8275	2392	2734	2819	6091	—	—	1425
1450	8350	2397	2739	2833	6121	—	—	1450
1475	8425	2401	2745	2848	6151	—	—	1475
1500	3,8500	0,2406	0,2750	0,2863	0,6181	—	—	1500

Sachverzeichnis.

Abzunderung von Roststäben 33, 37.
Anfeuchtung von Steinkohlen, Einfluß auf die Verbrennung 43, 44.
Aschen, Arten in Steinkohlen 19.
— Bestimmung in Steinkohlen 21.
— Bildner, Temperaturzerfall 23, 25.
— Erweichung in oxydierender und reduzierender Umwelt 24.
— Erweichungspunkt 21.
— im Feuerungsbetrieb 20.
— Gewichtsverlust 23, 25.
— Schmelzpunkt 20.
— in Steinkohlen Oberschlesiens 8.
— Verflüchtigung (Glühverlust) 22.
— Verschiedenheit in Steinkohlenflözen 4.
— Volumen in Abhängigkeit von der Temperatur 26.
— Zusammensetzung 22.
— -und Kohlenstoff, Einfluß 23.
— -Temperatur, Einfluß 22.

Backende Steinkohlen 7, 9.
Basische feuerfeste Massen 27.
Baulängen von Wanderrost-Feuerungen 43.
Berge in Abhängigkeit von der Korngröße 18.
— in Steinkohlen Oberschlesiens 18.
Berge-Zusammensetzung 19.
Blähvermögen, Einfluß auf Korngrößen, Auswahl 9.
— von Steinkohlen 1, 9.
Böschungswinkel von Steinkohlen bei Schrägrost-Feuerungen 42.
Brenngeschwindigkeit 8.

Drehöfen und Staubkohlen-Feuerungen 46.
Drehrost bei Gas-Generatoren 48.

Dreistoffkörper in Steinkohlen-Aschen 22.

Entgasungsdauer 8, 9.
Entgasungstemperatur 7.
Entkohlung von Roststab-Gußeisen 33.
Erwärmung lagernder Steinkohlen 54.
Erweichungs-Punkt von Steinkohlen-Aschen 20.

Festroste bei Gas-Generatoren 48.
Feuerfeste Massen, Allgemeines 27.
— — chemische Angriffe 29, 30.
— — mechanische Angriffe 29.
— — Zusammensetzung und Einteilung 27, 28.
Feuerungen, handbeschickte 37, 40.
— — Korngrößen, Abhängigkeit 37, 40.
— — Kühlung von Roststäben 40.
— — Luftmangel bei der Verbrennung 38.
— — und mechanischer Zug 39.
— — Roststab-Abmessungen 39.
— — Roststabformen 39.
— — Zündung auf dem Planrost 38.
— — Zweitluft, Zuführung 38.
— mechanische Beschickung 41.
— — Kohlenstaub-Feuerungen 45.
— — Korngrößen, Auswahl 41, 43.
— — Rostdurchfall, Einfluß 41, 45.
— — Rostkühlung 42.
— — rostlose Streu-Feuerungen 45, 46.
— — Stoker-Feuerungen 45.
— — Unterschub-Feuerungen 45.
— — Verbrennungsluft, Verteilungen bei Streufeuerungen 46.

Sachverzeichnis.

Feuerungen, mechanische, Wanderrost-Feuerungen 42.
— — Schichthöhen und Vorschubgeschwindigkeiten bei Wanderrosten 43.
— — Wurfbeschicker 41.
Flammenführung, oxydierend, reduzierend 40.
Flözheizwert-Unterschiede gleicher Grubenförderung 5.
Flüchtige Körper beim Erwärmen von Steinkohlen 4.
Flugaschen, Zusammensetzung 27.
Flugkoks- und Flugaschen, Einfluß auf Verflammungen und Schmolz im Ringofen 47.
Flugkoks und Teernebel bei trockener und nasser Steinkohle 44.
Flugruß bei unvollkommener Verbrennung 30.
Furchenzieher für den Brennstoffbelag auf Wanderrost-Feuerungen 44.

Gasflamm-Kohlen 1, 7.
Gas-Generatoren 47.
— — Betrieb und Regelung der Wirkungsweise 51.
— — Korngrößen, Einfluß auf die Gasmenge 51.
— — Sorten, Auswahl 48.
— — Stocharbeit durch Hand und auf mechanische Weise 51.
— — Versuchsergebnisse 52.
Gasmengen bei vollkommener Verbrennung 10.
Glühverlust von Steinkohlen-Aschen 22.

Halbsaure feuerfeste Massen 27.
Handbeschickte Feuerungen 37, 40.
Hausbrand-Feuerungen 40.
Heizwerte, Errechnung aus der Zusammensetzung bei festen Brennstoffen 16.
— — — bei gasförmigen Brennstoffen 16.
— der festen und der flüchtigen Anteile der Steinkohlen 7.

Heizwerte gleicher Steinkohlen-Sorten 4.
— und Grubenbezeichnungen 4.
— Reinkohlenheizwerte 3.

Kohlenstaub-Feuerungen 45.
Kohlenstoff in Steinkohlen Oberschlesiens 5.
— Vergasung 49.
Kohlenstoffmenge in Gasen 17.
Koksausbeute aus Steinkohlen Oberschlesiens 1.
Konstanten für Verbrennungs-Gleichungen 11.
Korngrößen, Einfluß auf den Rostverschleiß 33.
— — auf die Verbrennung 9.
— — auf die Wärmeleitfähigkeit 9.
— von Steinkohlen Oberschlesiens 1, 2.
Kritische Temperatur im Rostwerkstoff 33.

Lageranordnung bei Förderkohlen 55.
— bei Grobkohlen 55.
— bei Nuß, Erbs-, Grieß-, Staubsorten 55.
Langflammigkeit von Steinkohlen 7.
Leitsätze für die Steinkohlen-Lagerung 55, 56.
Luftgas, Erzeuger 48.
— Zusammensetzung 48.
Luftmengen, Errechnung für vollkommene Verbrennung gasförmiger Körper 13.
— — — von Steinkohlen 11.
Luftüberschuß bei der Verbrennung 14.
Luftverteilung während der Verbrennung 8.
Luftwiderstand bei Verbrennung blähender, backender, sinternder Steinkohlen 9.

Mechanische Feuerungen 41, 45.
Mischvergasung von Steinkohlen 49.
Mullit, Bildung bei feuerfesten Massen 31.

Sachverzeichnis.

Notrost bei Gas-Generatoren 48.

Oberflächen-Beschaffenheit von Roststäben, Einfluß auf den Verschleiß 32.
Oxydierende Flammenführung 40.

Phosphor-Gehalt im Roststab-Werkstoff 32.

Rauch- und Rußbildung bei unvollkommener Verbrennung 8.
Reduzierende Flammenführung 40.
Reinkohle 3.
Reinkohlenheizwert 3, 4.
Ringofen-Streufeuerungen 46.
— und Korngrößen, Einfluß auf die Leistung 46.
Rostlose Feuerungen 45, 47.
Roststab, Abmessungen 39.
— Abzunderungen 33, 37.
— Verschleiß 36, 37.
— Werkstoff, Zusammensetzung 32.
— Zusammensetzung, frisch und verzundert 34, 35.
Rückstände, schmelzend und nicht schmelzend 19.
— von Steinkohlen 8, 18.

Sauerstoff-Aufnahme lagernder Steinkohlen 53.
Sauerstoff-Gehalt in Steinkohlen Oberschlesiens 5.
Saure feuerfeste Massen 27.
Säurefaktor von Aschen, Schlacken, feuerfesten Massen 28.
Schlacken in Steinkohlen 8, 18.
Schlackenangriffe auf feuerfeste Massen 29.
— am Roststab, Verschleiß 33.
Schlackenflüsse 20.
Schlackengläser 20.
Schichthöhen bei Wanderrost-Feuerungen 44.
Schmelzpunkt von Steinkohlen-Aschen 20.
Schmolz in Ringofen-Feuerungen 47.

Schrägrost-Feuerungen 42.
Schütthöhen bei Verbrennung oberschlesischer Steinkohlen 8.
Schwefeleisen, Einfluß auf lagernde Steinkohlen 54.
Schwefeleisenangriff als Roststab-Verschleiß 33.
Schwefelgehalt von Steinkohlen 6.
Selbstentzündung von Steinkohlen 54.
Sinter-Kohlen 1, 7.
Spezifische Wärme von Gasen 15.
Steinkohlen, Aufbereitung 2.
— Lagerung 53.
Stickstoff-Gehalt von Steinkohlen 5.
Stoker-Feuerungen 45.
Streu-Feuerungen 46.

Temperatur-Kontrolle lagernder Steinkohlen 56.
Teerkondensierung im Generator-Gas 49.
Teernebel bei nassen und trockenen Steinkohlen 44.
— bei unvollkommener Verbrennung 17.

Unterschub-Feuerungen 45.
Unvollkommene Verbrennung 16, 18.
— — Verlustberechnung bei festen Brennstoffen 18.
— — — bei Gasen 17.

Verbrennungs-Gasmenge und Luftüberschuß 14.
Verbrennungs-Gasmengen bei vollkommener Verbrennung für feste Brennstoffe 11, 12.
— — — gasförmiger Brennstoffe 13.
Verbrennungsluft, Verteilung bei handbeschickten Feuerungen 8, 38.
— — bei Kohlenstaub-Feuerungen 45.
— — bei Streu-Feuerungen 46.

Verbrennungs-Verhalten von Steinkohlen Oberschlesiens 7.
Verflammungs-Erscheinungen in Ringöfen 47.
Vergasungsgleichungen 50.
Verluste bei unvollkommener Verbrennung fester Brennstoffe 18.
— — — gasförmiger Brennstoffe 17.
— durch Kohlenoxyd-Gas 17.
— durch Kohlenstoff in den Rückständen 18.
Vorschubgeschwindigkeit bei Wanderrost-Feuerungen 43.

Wanderrost-Feuerungen 42.
Wärmebilanzen bei direkter Verbrennung 16.

Wärmebilanzen bei Gas-Generatoren 52.
Wärmeinhalt fester und gasförmiger Brennstoffe 16.
— von Verbrennungsgasen 15.
Wärmeleitfähigkeit, abhängig von der Korngröße 9.
Wassergasreaktionen bei Gas-Generatoren 50.
Wassergehalt von Steinkohlen, Einfluß auf die Lagerung 54.
— — Oberschlesiens 4, 5.
Wasserstoff in Steinkohlen Oberschlesiens 5.
Wurfbeschicker 41.

Zugwiderstand, Abhängigkeit von der Steinkohlen, Art 10.

MIX
Papier aus verantwortungsvollen Quellen
Paper from responsible sources
FSC® C105338

If you have any concerns about our products,
you can contact us on
ProductSafety@springernature.com
In case Publisher is established outside the EU,
the EU authorized representative is:
**Springer Nature Customer Service Center GmbH
Europaplatz 3, 69115 Heidelberg, Germany**

Printed by Libri Plureos GmbH
in Hamburg, Germany